Der Schlepper im Rückblick

Kurt Häfner

Der Schlepper im Rückblick

Oldtimer-Jahrbuch 2001

Landwirtschaftsverlag GmbH
Münster-Hiltrup

An dieser Ausgabe haben mitgewirkt:

Rainer Bank, Kurt Häfner, Jörg Holst, Joachim Kalb, Michael Karle, Josef Kohl, Firma Krone, Firma Wilhelm Mayer, Familie Pott, Herbert Reimitz, Sven Ruf, Joachim Wahl, Horst Weingart

Neben den Privatarchiven und Sammlungen der genannten Personen stand uns weiter zur Verfügung:

John Deere-Werksarchiv
Wilhelm Mayer-Werksarchiv
Krone-Bilderdienst
Kaelble-Werksarchiv, sowie die
Privatarchive von Bernd Peinelt, Michael Karle und Kurt Häfner

Die für den Sonderteil „Chronik 1951" beanspruchten Literate, Quellen und Firmenunterlagen sind in diesem Artikel getrennt aufgeführt.

Landwirtschaftsverlag GmbH, 48084 Münster

Gesamtherstellung: LV Druck im Landwirtschaftsverlag GmbH

Gedruckt auf chlorfrei gebleichtem Papier

Printed in Germany

ISBN 3-7843-3028-2

Inhalt

Ein Wort vorab

Liebe Leser,

Erfolg ist das Produkt harter Arbeit. Erfolg ist aber auch eine schöne Sache. Wir vom "Schlepper im Rückblick" haben Erfolg, haben wir doch mittlerweile eine fünfstellige Auflage erreicht. Und darüber freuen wir uns ganz besonders. Denn das war nicht immer so. Um ein Haar hätte uns die Post mit ihren Bestimmungen vom Markt gedrängt, denn will man bei ihr als Zeitschrift anerkannt werden, muss man neben einer Reihe bestehender Bestimmungen mindestens viermal jährlich regelmäßig erscheinen. Und allein diese Auflage konnten wir nicht erfüllen. Also wollte man uns das Porto von DM 1.50 auf DM 3.50 je Ausgabe erhöhen. Das wäre das Ende gewesen.

Die Partnerschaft mit dem Landwirtschaftsverlag jedoch verhinderte die Einstellung der Publikation, und hier kam auch die rettende Idee mit der Umwidmung zum Jahrbuch. Aus heutiger Sicht war dies der richtige Weg, der Weg zum Erfolg.

Die Früchte dieses Erfolgs kommt Ihnen, lieber Leser, dadurch zugute, dass es zum einen den "Schlepper im Rückblick" immer noch gibt, dass er aktueller denn je ist, und daß er nach wie vor zum alten Preis geliefert wird. Nun schon zum vierten Mal. Ferner liefern wir Ihnen in dieser Ausgabe zusätzlich einen 16-seitigen Rückblick auf das Jahr 1951, wiederum ohne Mehrkosten. Ist das nicht schön?

Dafür muß man einfach auch mal Danke sagen!

Ein herzliches Dankeschön an alle Sie, liebe Leser, die Sie durch Ihr Interesse an dieser Publikation zu diesem Erfolg beigetragen haben. Ein herzliches Dankeschön an die Verantwortlichen des Landwirtschaftsverlags, die diesen Erfolg erst möglich gemacht haben. Und ein Dankeschön an die Mitarbeiter des Verlags, für die freundliche, gedeihliche und sehr angenehme Zusammenarbeit, die bei jeder Ausgabe aufs Neue zu erfahren ist. Nicht zuletzt auch ein Dankeschön an alle helfenden Hände, die irgendwo im Verborgenen am Gelingen und Entstehen der einzelnen Ausgaben beitragen. Möge es uns auch für die Zukunft gelingen, diesen Erfolg noch weiter auszubauen.

Leider hat Erfolg allzu oft auch eine Kehrseite. Hierauf werden wir sehr häufig angesprochen. Deshalb soll es hier zum Thema gemacht werden.

Die Kehrseite unseres Erfolgs ist, dass sehr viel abgeschrieben wird. Unser Team macht sich die Mühe, nur historische Quellen für die Berichte zu verwenden. Dies ist mit sehr viel Zeit und oft hohen Kosten verbunden. Doch manche Autoren der Neuzeit, oder auch der zweiten Generation, bedienen sich einfach unserer Literatur und schreiben ab. Sie verkaufen unser Wissen als ihr eigenes, um Zeit und Geld zu sparen. Dies ist ganz einfach Diebstahl. Wenn jemand im Supermarkt etwas ohne zu bezahlen mitnimmt, und sei es nur für fünf Mark, so erfolgt postwendend eine Anzeige.

Oder ein anderes Beispiel: Wenn auf einem Oldtimertreffen über Nacht Teile an einem Fahrzeug abgebaut und gestohlen werden, so sind wir alle sehr entsetzt, ja sogar wütend. Wir regen uns über Sammler auf, die nicht vor Diebstählen zurückschreken, nur um ihr Hobby auszuleben.

Bei uns abzuschreiben, zu stehlen und Bilder unerlaubt zu entwenden, scheint dagegen nur ein Kavaliersdelikt zu sein. Schließlich geschieth es ja im stillen Kämmerlein. Aber der eigentlich Betrogene sind Sie, lieber Leser. Ihnen wird neues Wissen vorgegaukelt, und dabei ist der Text vielfach nur umgeschrieben, einfach anders formuliert. Dabei wird er verfälscht. Es entstehen Fehler und Unwahrheiten.

Ganz besonders schlimm ist es bei den Lanz-Bulldog-Büchern. Hier wird ständig abgeschrieben und Bilder werden unerlaubt entwendet. Ein Beispiel: Vor kurzen kam ein Buch auf den Markt, mit der Information, daß der 12-Lanz, der Knicklenker und der Verdampfer-Großbulldog mit "Dieselmotoren" ausgerüstet sind, die weiteren Glühkopf-Bulldogs besitzen "Diesel-Glühkopf-Motoren". Hier gibt es nur eine Meinung: ein Autor, der einen solchen Schwachsinn schreibt, hat wirklich keine Ahnung von Technik. Ihm geht es nur um eine schnelle Mark.

Ähnlich ist es mit einem Typenbuch. Auch hier wurde viel abgeschrieben, gestohlen. Ganze Sätze sind aus den Bulldog-büchern entnommen. Und dennoch sind einige Texte mit falschen Bildern versehen.

Auch hier sind Sie als gutgläubiger Leser der Angeschmierte.

Diese Beispiele könnten wir noch weiterführen. Doch die eigentliche Frage, die immer wieder gestellt wird, ist:

Müssen wir uns das bieten lassen? Vor allem, müssen Sie als Leser sich dies bieten lassen?

Nein!

Sie als Leser haben Macht und können für eine saubere Literatur eintreten. Sie müssen sich nicht jeden Schund andrehen lassen. Denn eines ist doch klar, nicht mit jeden neuen Buch gibt es auch neue Bulldog- oder Schleppertypen.

Aber Sie als Leser müssen sich entschieden zur Wehr setzen, Sie müssen zeigen, daß Sie etwas von der Materie verstehen. Sie müssen an den jeweiligen Verlag schreiben und sich beschweren. Und Sie müssen im Kreise Ihrer Kollegen, Freunde und Gleichgesinnten Ihre Meinung publik machen.

So, und nur so können wir alle für den Erhalt einer sauberen Literatur sorgen.

Es verbleibt, mit den besten Wünschen

Ihr Kurt Häfner mit Team

Zum Titelbild:

Das Stahlpferd

gebaut von 1929 bis 1931

Von Kurt Häfner

Nahezu 75 Jahre ist es nun her, daß sich der rührige Neu-Ulmer Tüftler und Maschinenschlosser Wilhelm Mayer (1878–1956) zum Ziel gesetzt hatte, einen eigenen Schlepper zu bauen. Eine Universalmaschine sollte es sein, die der Landwirt nicht nur zum Ziehen seiner Wagen, sondern genauso zum Mähen seiner Wiesen und zum Antreiben seiner auf dem Bauernhof vorhandenen Maschinen einsetzen konnte. Dabei war es besonders wichtig, daß der Schlepper weder im Preis noch in der Leistung zu hoch angesiedelt war. Denn renommierte Firmen mit ganzen Paletten leistungsstarker und natürlich entsprechend teurer Maschinen waren bereits am Markt vertreten. Was fehlte, waren einfache und billige Maschinen für den ganz kleinen Hof, die natürlich in der Zuverlässigkeit den größeren Maschinen bekannter Fabrikate in nichts nachstehen sollten.

Nur, Wilhelm Mayer konnte für sein Vorhaben nicht auf einen Stab von Ingenieuren und Technikern zurückgreifen, ihm stand lediglich sein Erfahrungsschatz, sein Erfindergeist, sein Wissen im Umgang mit den Bauern und ihren Nöten und sein Mut zum Risiko zur Verfügung.

Firmengeschichte: ein kleiner Rückblick

Gegründet hatte er seine Firma bereits im Jahre 1901. Es war die Zeit des großen Umbruchs. Die Dampfmaschine war dabei, ihren technischen Höhepunkt zu erreichen, Benzin- und Dieselmotoren waren erfunden und eröffneten mit ihren Verwendungen noch ungeahnte Möglichkeiten. Auch Elektromotoren standen in dieser Zeit bereits zur Verfügung, nur die Stromversorgung – vor allem in ländlichen Gebieten – fehlte noch fast vollständig.

Bevor es zur Gründung kam, erlernte Wilhelm Mayer den Beruf des Maschinenschlossers. Dazu mußte er täglich 10 km zu Fuß zurücklegen, an sechs Tagen in der Woche, denn auch der Samstag war zu jener Zeit noch ein voller Arbeitstag. Die Arbeit begann um 6 Uhr morgens, und endete um 6 Uhr abends. Lehrjahre waren eben keine Herrenjahre!

Danach arbeitete er als Monteur in Deutschland und der Schweiz und als Leiter einer Filiale der Landmaschinenfabrik Mengele, bis er schließlich als 23jähriger auf eigenen Füßen stehen wollte.

Es begann in der Wallstraße in Neu-Ulm. Zunächst waren es Reparaturen, noch mit Hilfe primitiver Werkzeuge und Hilfsmittel ausgeführt, und ein bescheidener Handel mit Landmaschinen. Doch bald folgten Eigenprodukte wie Kartoffelwäscher, Jauchepumpen, Wasserräder und sogar schwere Bandsägen. Die Räumlichkeiten in der Wallstraße waren schnell zu eng, und so bezog man geeignete Gebäude in der Maximilianstraße.

Die Technik brachte immer neue Impulse, verbunden mit einem enormen Aufschwung, und Wilhelm Mayer zog mit. Er erkannte die Zeichen seiner Zeit und wußte sie zu nutzen. Selbst der Erste Weltkrieg, der ihm eine Unterbrechung auferlegte, konnte ihn in seinem Tatendrang und seinem Fleiß nicht stoppen. Bereits wenige Jahre später, 1923, standen um die 30 Schlosser und Schreiner in Lohn und Brot. Wieder waren die Räumlichkeiten zu eng geworden, man war inzwischen in die Industriestraße umgezogen. Kein Wunder, denn nun fertigte man auch Dreschmaschinen, Kleereiber, Landmaschinen und

Das Stahlpferd mit Eisen- und Gummibereifung und angebautem Mähwerk

Der Firmengründer Wilhelm Mayer sen., * 1878, † 1956, und das erste eigene Gebäude in der Maximilianstraße.

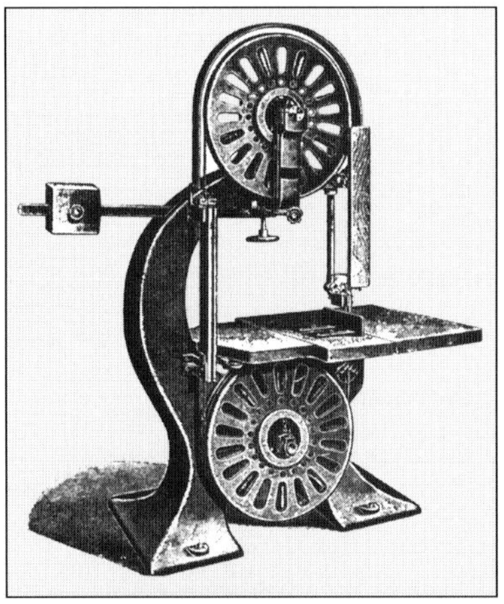

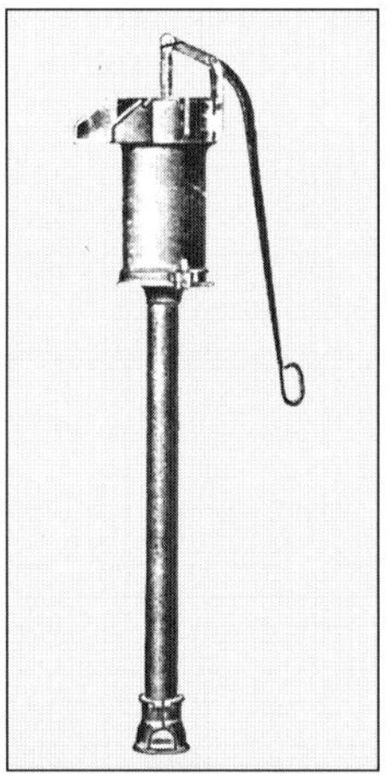

selbst komplette Mostereien. Dazu kam ein Schwadenstreuer und die Schrotmühle „Diana“. Ein herausragender Schritt war 1926 die Anschaffung des ersten Personenwagens, eine Opel-Limousine mit 4/16 PS. Damit war man beweglich und natürlich auch schnell vor Ort, wenn es darum ging, Kundenwünsche zu befriedigen.

Ein weiterer herausragender Schritt folgte 1928 mit ersten Versuchen, einen Kleinschlepper zu bauen, den sich auch der „kleine Landwirt“ leisten konnte. Dafür wurde ein 8 PS starker Benzinmotor von Deutz verwendet.

Ein Mitarbeiter erinnert sich

1929 kam August Zoller als Lehrling in die Firma. Später Landmaschinen-Mechanikermeister und heute ein rüstiger Rentner in der Mitte der achtziger Jahre. „Das Unternehmen beschäftigte 16 Gesellen und 7 oder 8 Lehrlinge. Damals hat man noch vieles selber fabriziert“, erinnert er sich. „Kartoffel-Waschanlagen und Obstpressen, Bandsägen und

Schnell war die Firma dem kleinen Reparaturbetrieb entwachsen. Aus eigener Fertigung kamen schwere Bandsägen, Jauchepumpen, Obstmühlen, Kartoffelwäscher, Kleereiber, Dreschmaschinen und vieles mehr (linke Seite). Doch die Krönung war das Stahlpferd (unten).

Jauchepumpen, Kleereiber und Dreschmaschinen wurden von der Neu-Ulmer Firma teilweise in Eigenarbeit hergestellt. Das Paradestück jener Zeit aber war das „Stahlpferd", jener legendäre Schlepper mit einem 8 bis10 PS-Motor, der Marke Deutz, dessen vier Räder eisenbereift waren. Jedes Stahlpferd eine Einzelfertigung. Der Chef ein Tüftler, der jeden Tag einen neuen Verbesserungsvorschlag mitgebracht hat. Bei der Firma Hopf in Ulm wurden die schweren Teile gegossen, dann in der Fabrik weiterverarbeitet. Und jeden Abend der Transport zum Neu-Ulmer Bahnhof: Ein halbes Dutzend Lehrbuben schoben die schweren Mähmaschinen oder Bindemäher eigenhändig an die Verladerampe.
Alles mit Muskelkraft, keine Pressluft, keine Elektroschrauber. Die Lehrlinge mußten die Gewinde schneiden, mit Hammerschlägen wurde der Stahl zurechtgeschmiedet, und am Abend hatte man oft Blasen an den Händen. Selbst das warme Wasser, mit dem man die Hände wusch, wollte erst hergestellt werden: mit einem heißen Eisen, das ins kalte Wasser getaucht wurde.
Zehn Stunden Arbeit am Tag waren eher Normalität als Ausnahme. Von 12 bis 13 Uhr Mittagszeit, in der jeder die mitgebrachten Brote aß. Lohn gab es jeden Freitag nach Feierabend: 50 Pfennig auf die Hand. Vier Pfennig kostete damals die Brezel, 15 Pfennig der Schwartenmagen. Immerhin ein Verdienst: Ganz früher hatte man als Lehrling noch Lehrgeld bezahlen müssen.

Technisches zum Stahlpferd

Ein stabiler Stahlrahmen bildete das Rückgrat des Schleppers, auf dem der Motor, ein Deutz-Benzinmotor mit Verdampferkühlung und 10 PS Leistung, aufgeschraubt war. Es war ein Schwungradmotor mit offenlaufenden Schwungrädern und querliegender Kurbelwelle, der so aufgeschraubt war, daß die Schwungräder nach vorne und die Ventile zum Fahrer zeigten. Nach heutigem Begriff also „verkehrt" oder „gedreht" zum Einbau kam. Der Antrieb auf

Baron Dr. E. von Riedenstein: Er hatte das Stahlpferd fast 30 Jahre in Betrieb.

Bei der Firma Mayer wurden auch Mähmaschinen mit einem motorischen Mähantrieb und selbständiger Lenkung ausgerüstet. Hier eine Massey Harris-Mähmaschine, deren Mähantrieb von einem Sachs-Motor übernommen wurde.

das Getriebe wurde dabei mittels einer Kette hergestellt. Das Getriebe selbst war aber kein Schaltgetriebe, sondern lediglich ein Untersetzungsgetriebe mit dem Zweck, die Motordrehzahl der Fahrgeschwindigkeit anzupassen. Das Stahlpferd hatte also nur eine Fahrgeschwindigkeit, die lediglich über die Motordrehzahl geregelt wurde. Gleiches galt auch bei der Rückwärtsfahrt. Nach Einschalten des Rückwärtsganges war auch hier die Fahrgeschwindigkeit über die Motordrehzahl zu regeln.

Nicht nur beim Getriebe, sondern auch beim Ausgleichgetriebe, dem Differential, wurde auf eine kostengünstige Bauweise geachtet; hier hatte Herr Mayer auf dasselbige verzichtet und durch Knackscheiben auf Hinterachse und Antriebsräder ersetzt. Mit dieser wesentlich billigeren Lösung konnten die Kurvenfahrten genauso bewältigt werden, ohne daß der Schlepper Schaden nahm.

Diese einfache Bauart reichte dem „kleinen“ Bauern von damals völlig aus, um seine landwirtschaftlichen Maschinen und Gerätschaften zu ziehen und sich dadurch wesentliche Erleichterung verschaffen zu können. Doch sie hatte den großen Vorteil, daß sich so mancher Bauer diese Anschaffung noch leisten konnte, was bei teuren technischen Lösungen nicht mehr der Fall war.

In der Werbung von damals liest sich das so: „Zieht Lasten mit mehr als 50 Zentner (2500 kg) auf ebenem Terrain, zieht sämtliche landwirtschaftliche Maschinen, Schwadenrechen, Getreidemäher, Pflüge, Eggen, Walzen, Sämaschinen etc. etc.“

In der Grundausrüstung war das Stahlpferd mit vier Eisenrädern ausgerüstet, doch gab es die Möglichkeit einer Ausrüstung mit elastikbereiften Rädern, die entweder nur auf der Hinterachse oder auf beide Achsen aufgeschraubt werden konnten. Wenn allerdings die Eisenräder nach der Feldarbeit gegen die Elastikräder für die Heimfahrt getauscht wurden, so konnten die elastikbereiften Räder immer auf der Vorderachse verbleiben.

Die Lenkung war eine einfache Drehschemel-Lenkung. Dabei war die Lagerung der Vorderachse direkt mit dem nach vorne konisch zulaufenden Rahmen verbunden. Eine Spurstange schaffte die Verbindung von der Vorderachse unterhalb des Rahmens etwa zur Mitte des Schleppers, wo ein weiterer, kurzer Lenkhebel mit einem Tellerrad verbunden war. In dieses Tellerrad griff ein Kegelrad ein, das wiederum fest mit der Lenksäule verbunden war. Somit war eine einfache, sichere und doch wirkungsvolle Lenkung geschaffen, die dem Fahrer die notwendige Sicherheit während der Fahrt gewährte.

Hatte der Fahrer auf dem einfachen, gefederten Stahlsitz Platz genommen, so fand er neben dem Kupplungshebel nur noch einen Handgashebel und die Handbremse. Jedem Betreiber dieser Maschine war damit eine einfachste Handhabung gewährleistet: es gab kein kunstvoll zu beherschendes Zusammenspiel von Fußkupplung, Fußgas und

Inzwischen war der Betrieb zu dieser stattlichen Größe herangewachsen.

Bilder mit absolutem Seltenheitswert. Sie zeigen das Stahlpferd bei der Heuernte (oben), beim Pflügen (unten) und beim Transport einer Dreschmaschine.

Fußbremse, was manchem vom Pferdefuhrwerk überwechselnden Fahrer das Fahren schon in der ersten Fahrstunde vermiesen konnte.
Ein weiterer sehr wichtiger Hebel, der ebenfalls vom Fahrplatz aus dem Fahrer entgegenzeigte, war der Mähhebel. Mit ihm war der Messerbalken in Mäh- oder Transportstellung zu bringen. Doch mit einem Hebel dieser Art war damals fast jeder Bauer von seiner Mähmaschine her vertraut. Und damit war man bei einem der wichtigsten Einsatzgebiete des Stahlpferdes angelangt: dem Mähen. Einer der wesentlichsten Fortschritte der Bauern war damals das motorische Mähen. Und dies war jetzt mit der Anschaffung dieses einfachen und billigen Schleppers möglich geworden, der Messerbalken war immer dabei. Er war betriebsbereit am Schlepper angebaut. Keine Extrafahrt mehr mit dem Pferd zur Wiese war jetzt mehr notwendig, um erst die Mähmaschine dorthin zu transportieren. Die eh schon kostbare Zeit des Bauern mußte nicht mehr mit unnötigen Transporten vergeudet werden, sie konnte so der eigentlichen Arbeit zuteil werden.
Als damals die ersten Schlepper fertiggestellt und verkauft waren und die ersten Praxiseinsätze mit Ackern und Mähen überstanden waren, war man überrascht, wie gut diese verlaufen waren. Nur das Fehlen einer Rutschkupplung für das Mähwerk bescherte vereinzelt Rahmen- oder Zahnradbrüche, wenn ein Hindernis oder Fremdkörper den Mähvorgang abrupt stoppte. Daß aber der Messerbalken nicht mehr bei auftretenden Hindernissen versagte und der Rahmen oder Zahnräder, wie anfänglich in Einzelfällen geschehen, zu Bruch gingen, führt der ehemalige Mitarbeiter August Zoller auch auf sein engagiertes Mitarbeiten zurück. Er hatte damals seinem Chef den Ratschlag mit der Rutschkupplung gegeben und dieser hatte schon am nächsten Tag eine ausgearbeitete Konstruktionslösung vorgelegt.
Schnell hatte man diese Schwachstelle in den Griff bekommen, so daß nun die Käufer rundum mit ihrem neuen Kleinschlepper zufrieden sein konnten. Diese dem Stahlpferd zugedachten lobenden Worte sind aber nicht nur aus der Werbung entnommen, davon zeugen noch heute viele lobende und wohlwollende Beurteilungsschreiben. So z. B. meldete sich am 1. Oktober 1931 eine Klosterbrauerei aus Schwaben mit folgendem Schreiben:
„Der von Ihnen bezogene Motor-Mäher und Klein-Traktor ‚Stahlpferd' ist zu meiner größten Zufriedenheit ausgefallen. Bei einer Stundenleistung von 40–50 ar arbeitet derselbe bei beiden Schnitten zuverlässig und ohne jede Störung. Auch das Mähen meiner Obstgärten ging sehr bequem, der Schnitt war tief und sauber. Große Zugleistung entwickelte ‚Stahlpferd' als Vorspann bei 10–15% Steigung, auf ebenem Weg beträgt die Zugleistung ca. 50 Ztr. Nutzlast (ohne Wagen). Infolge der vielseitigen Verwendbarkeit ist die Anschaffung rentabel und empfehlenswert".
Das Stahlpferd mit dem liegenden Einzylinder-Viertakt-Benzinmotor leistete 10 PS und erreichte eine höchste Fahrgeschwindigkeit von ca. 6 km/h. Dafür verbrauchte es runde 2,5 Liter Kraftstoff je Stunde bei voller Belastung. Der Ölverbrauch lag bei einem Viertel Liter Schmieröl pro Tag. Auf die Waage brachte es stolze 1150 kg. Was es allerdings gekostet hatte, darüber schweigen sich die historischen Unterlagen aus.
Das Stahlpferd markiert ab 1928 neben den Firmen Kramer (1925), Fendt (1928), Lanz Aulendorf (1929) und Eicher (1935) den Beginn der Motorisierung unserer landwirtschaftlichen Kleinbetriebe in Deutschland und setzte einen Meilenstein in unserer deutschen Schleppergeschichte. Leider konnten nur 30 Exemplare hergestellt werden, bis die Weltwirtschaftskrise, die auch die Firma Mayer besonders hart traf, eine Einstellung der gesamten Fabrikation notwendig machte. ■

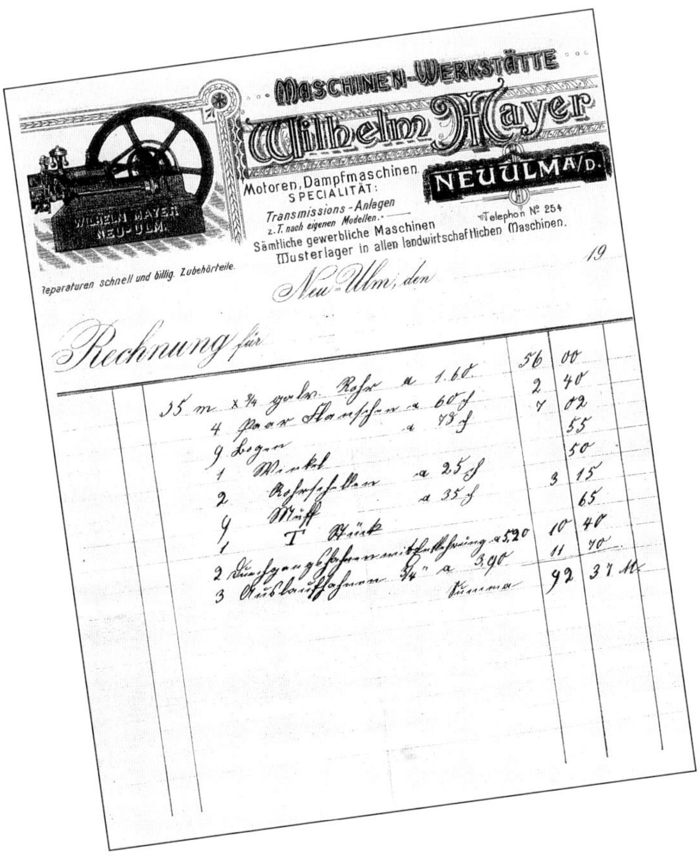
Maschinen-Werkstätte
Wilhelm Mayer
Neu-Ulm a/D.
Motoren, Dampfmaschinen.
Specialität:
Transmissions-Anlagen
z. T. nach eigenen Modellen.
Sämtliche gewerbliche Maschinen
Telephon № 254
Musterlager in allen landwirtschaftlichen Maschinen.
Reparaturen schnell und billig. Zubehörteile.
Neu-Ulm, den 19
Rechnung für

Wie diese Rechnung verrät, gab es bei der Firma Mayer nicht nur landwirtschaftliche Maschinen, sondern „sämtliche gewerbliche Maschinen", ja sogar Motoren und Dampfmaschinen zu kaufen.

Die Erstellung dieser Dokumentation war nur möglich durch die freundliche und engagierte Unterstützung der Firma Mayer. Deshalb darf der Autor der Firma im allgemeinen sowie Herrn Gerhard Mayer im besonderen seinen Dank aussprechen.

Wer zu spät kommt, oder:

Wie der 11er-Deutz zum „Volksschlepper" wurde

Ein Bericht von Rainer Bank

Mit der Überwindung der Weltwirtschaftskrise zu Beginn der 30er Jahre setzte auch im deutschen Reich eine zunehmende Technisierung der Deutschen Landwirtschaft ein. Zuerst waren es die großen Gutsbetriebe im Norden und im deutschen Osten, die sich die Möglichkeiten der Rationalisierung durch den Schleppereinsatz zunutze machten. Für den mittleren landwirtschaftlichen Betrieb oder für die zahllosen Kleinstbetriebe, wie sie überwiegend in den südlichen Landesteilen Deutschlands vertreten waren, war die Anschaffung eines Schleppers aufgrund der noch begrenzten Einsatzeignung als reiner Ackerschlepper und des hohen Kaufpreises wirtschaftlich noch nicht vertretbar.

Selbst in der Gasmotorenfabrik Deutz AG, die ab 1938 als Klöckner-Humboldt-Deutz AG firmierte, bestand das Traktorenangebot zu Beginn der 30er Jahre mit dem MTH 222 mit 14 PS und dem MTZ 120 mit 27 PS aus Schleppertypen, die in ihrer Einsatzfähigkeit als Antriebsaggregat oder als reine Zugmaschine für den bäuerlichen Betrieb in seiner Vielseitigkeit ungeeignet waren.

Zwei Faktoren sollten jedoch die steigende Verbreitung des Schleppers auch in der bäuerlichen Landwirtschaft maßgeblich fördern. Ausgehend von Amerika begann sich die Ausrüstung des Schleppers mit Ackerluftreifen auch im deutschen Schlepperbau durchzusetzen. Als Pioniere dieser Entwicklung dürfen hier die Schlepperfirmen Lanz und Hanomag genannt werden. Im Gegensatz zur Eisenbereifung konnte ein luftbereifter Schlepper schwächer motorisiert werden, was fortan den Bau kleinerer Schlepper für den landwirtschaftlichen Einsatz ermöglichte. Der Ackerluftreifen besaß bessere Traktionseigenschaften und fuhr sich bei ungünstigen Witterungsverhältnissen nicht so schnell im Acker fest; eine Tatsache, die den Schleppereinsatz wirtschaftlich verbesserte.

Im Januar 1933 war durch die Machtergreifung der NsdAP in Deutschland ein totalitärer Parteiapparat an die Macht gekommen, der in seiner Führerideologie die Unterwerfung der slawischen Völker und die Lebensraumerweiterung nach Osten festgeschrieben hatte. Im Zuge der Kriegsvorbereitungen ab 1933, zur Realisierung dieser nationalsozialistischen Ideologie, strebten die NS-Machthaber auch die Nahrungsmittel-Autarkie des deutschen Volkes an.

Im Kampf um die Nahrungsfreiheit des deutschen Volkes

fällt dem deutschen Bauern die große Aufgabe zu, auf der gegebenen Ackerfläche
größtmögliche Erträge zu erzielen. Die dazu notwendige bessere Bewirtschaftung
und die angestrebte Mehrerzeugung bedeuten aber eine ganz wesentliche
Erhöhung des Ackerarbeitsaufwandes und der Transportleistungen.
Der Arbeitstag des deutschen Bauern ist aber schon schwer und lang genug. An
Arbeitskräften herrscht Mangel, seine Gespanne sind oft schon überlastet, und ein
vermehrter Einsatz tierischer Zugkräfte ist aus vielerlei Gründen kaum möglich.
Der erforderliche Mehraufwand an Arbeit kann und muß deshalb durch er-
höhten Einsatz technischer Hilfsmittel ausgeglichen werden.
Der Schlepper ermöglicht die Anwendung von Geräten, die die Zeit und die
Möglichkeit schaffen, die Qualität der Arbeit zu steigern, die wiederum entscheidend
für den Ertrag ist. In der Maschine stecken die Leistungsreserven, die auch bei
ungünstiger Witterung die Arbeit rechtzeitig bewältigen lassen. Mit der durch
den Schlepper und den für ihn verwendbaren Zusatzgeräten erwirkten Leistungs-
erhöhung kann der Bauer

schneller und wirksamer arbeiten,
mehr und Besseres leisten.

Worte der nationalsozialistischen Ideologie im Kampf um die „Nahrungsmittelfreiheit" des deutschen Volkes.

Deutz-Bauernschlepper mit 11 PS

Ab 1933 propagierte die damalige Reichsregierung die Vollmotorisierung der deutschen Landwirtschaft, mit dem Ziel einer Steigerung der Nahrungsmittelproduktion im Deutschen Reich. Durch den Schleppereinsatz könne das Land intensiver und so ertragreicher bewirtschaftet werden. Außerdem mache ein Schlepper, der drei bis vier Pferde auf dem Hof ersetzen kann, drei bis vier Hektar Ackerland frei für die menschliche Ernährung. Der Schleppereinsatz sei eine „volkswirtschaftliche Notwendigkeit", tönte es weiter aus dem Reichsregierungsapparat. Diesen geschilderten Faktoren folgend, hatten sich vor allem in Süddeutschland findige Landmaschinenwerkstätten darangemacht, die schwere körperliche Arbeit des Bauern zu erleichtern. Aus selbstfahrenden Grasmähern entstanden durch Zusatzausrüstungen wie Zapfwelle und Riemenantrieb Kleinschlepper, welche sich durch geringe PS-Leistung auszeichneten und so den bäuerlichen Einsatzerfordernissen Rechnung trugen. Diese Entwicklung war der Grundstein für manchen namhaften Traktorenhersteller wie Eicher, Fendt, Kramer und Lanz Aulendorf.

Der 11er-Deutz kommt

Mit der Präsentation ihres 11er-Deutz, Typ F 1 M 414, im Jahre 1936, reagierte die künftige Klöckner-Humboldt-Deutz AG als erster Traktoren-Großserienhersteller rechtzeitig auf die neuen Marktbedingungen. Ähnlich den ab 1934/35 gebauten 28-PS- und 45-PS-Deutz- „Stahlschleppern" F2M 315 und F3M 317 bestand der neue kleine Deutz aus einer

Bei der Wehrmacht des 3. Reiches fanden selbst landwirtschaftliche Schlepper Verwendung bei Brückenkolonnen und im Flugdienst, später sogar im Kriegsdienst.

Andrehkurbel	Motor	Kühlwasserpumpe	Kühler	Kraftstoffbehälter
Batterie	Kupplungsfußhebel	Drehzahlverstellung	Mähbalkenschaltung	Gangschalthebel
Schaltgetriebe	Aufsattelvorrichtung	Zapfwellenschaltung	Zugvorrichtung	Zapfwelle
Anhängeschiene	Hinterachsantrieb	Riemenscheibenantrieb	Mähbalkenkupplung	Mähbalkenantrieb
Schwungrad	Ölpumpe	Vorderachsenabstützung	Vorderachse	

Blockkonstruktion mit Motor und Getriebe als tragenden Bauteilen. Sein wassergekühlter Deutz-Motor F1M 414 schöpfte aus 1,1 l Hubraum Kraft für 11 PS, für den Deutz einen Maximalverbrauch von 215 g/PS je Stunde und einen Schmierölverbrauch von 0,5 Liter in 10 Stunden angab. Der Kraftstofftank mit einem Fassungsvermögen von 28 Liter Diesel ermöglichte 15 bis 18 Stunden harte Arbeit mit dem Schlepper. Ein Ölbad-Luftfilter mit langem Ansaugrohr für das Ansaugen der Verbrennungsluft aus staubfreier Zone garantierte ein langes Schlepperleben.

Mit einer Einscheiben-Trockenkupplung gab der Motor seine Leistung an das Schleppergetriebe weiter.

Dieses Deutz-Getriebe war eine Halbschalen-Konstruktion in drei Geschwindigkeitsabstufungen mit 3,2 – 4,5 – 7,8 km/h vorwärts und 3,2 km/h rückwärts.

Mit der Präsentation des 11er-Deutz ging erstmals ein deutscher Kleinschlepper in Großserie. Nur die Höchstgeschwindigkeit von 7,8 km/h bei neuer Bereifung war der Zeit entsprechend zu niedrig.

Zwei Vertreter unserer Schlepperindustrie, deren Ursprung als selbstfahrende Grasmäher begannen: Oben der erste Fendt, darunter der erste Lanz-Aulendorf.

Aufgrund der geringen Höchstgeschwindigkeit verzichteten die Deutz-Konstrukteure auf den Einbau einer Fußbremse. Mit der Erhöhung der Höchstgeschwindigkeit auf 15 km/h ab dem Jahre 1948, und der Ergänzung mit einem 4. Gang, stattete KHD den 11er-Deutz auch mit einer Fußbremse aus.

Technische Einzelheiten

Angeordnet rechts vom Schleppersitz, diente die zuschaltbare Riemenscheibe mit 1120 U/min als vielseitige Kraftquelle zum Holzsägen, Jauchepumpen oder Strohpressen. Als Ersatz für den umständlichen und unfallträchtigen Antrieb über die Transmission hatte der Riemenantrieb am Schlepper zur damaligen Zeit noch eine größere Bedeutung als die Schlepperzapfwelle, welche für den 11er-Deutz auf Wunsch lieferbar war und auch noch nachgerüstet werden konnte.
Wie es sich für einen universellen Kleinschlepper zur damaligen Zeit gehörte, war der 11er-Deutz auch mit einem 4 1/2-Fuß-Mähbalken für die Gras- und Getreidemahd ausrüstbar. Die Nutzung des Zapfwellengetriebes war nach der Abnahme einer angeschraubten Schutzkappe trotz angebauten Mähwerks möglich.
Die Vorderachse des 11er-Deutz wurde im Doppel-T-Profil geschmiedet; drehbar in einem kräftigen Achsbolzen gelagert und mit Stangen in Trapezform angeordnet, nach hinten gegen den Schlepperrumpf abgestützt.
Durch die Luftbereifung mit Reifengrößen von 5–16 und 8–20 war der F 1 M 414 sowohl auf Acker als auch auf der Straße anzutreffen. Die Spurweite des Schleppers ließ sich durch das Umdrehen der Räder von 1 270 mm auf 1 430 mm erhöhen und ließ sich so ebenfalls an die verschiedenen Einsatzgebiete auf einem landwirtschaftlichen Hof anpassen. Zusätzlich konnten an den Radfelgen Klappgreifer montiert werden, die bei nassen Bodenverhältnissen mit wenigen Handgriffen einsatzfähig zu machen waren und für eine Reduzierung des schädlichen Radschlupfes sorgten.

Auf Wunsch: der zweite Sitz

Ebenfalls auf Wunsch konnte ein zweiter Sitz auf dem rechten Kotflügel geliefert werden, der einer zusätzlichen Hilfsperson bei der Getreidemahd mit dem Mähbalken die Arbeit erleichterte.
Das Leergewicht eines Deutz F 1 M 414 betrug in der Standardausführung 1180 kg.
Markant war das Vier-Speichen-Lenkrad am 11er-Deutz. Insgesamt machte der kleine Deutz eher einen spartanischen Eindruck. Beim Einbau des Gangschalthebels verzichtete Deutz auf den sonst üblichen Schaltknauf, ebenso spartanisch wirkte der Verzicht auf eine elektrische Beleuchtung in der Grundausstattung. Statt dessen wurden für die Frontbeleuchtung zwei Sturmlaternen mitgeliefert. Gegen Aufpreis lieferte Deutz jedoch eine für damalige Verhältnisse komplette elektrische Anlage mit Frontscheinwerfern, Schlußleuchten und einer 60-Watt-Lichtmaschine.
Deutz versprach in seinen damaligen Werbeprospekten eine kinderleichte Bedienung des Schleppers. Aufgrund seiner zeitgemäßen Ergonomie war

Der 11er Deutz verfügte in der Grundausrüstung lediglich über zwei Sturmlaternen.

Unimog mit Claas-Mähdrescher

...wurde die Fertigung des **UNIMOG** von Böhringer in Göppingen zur Daimler-Benz AG nach Gaggenau verlegt. Hier konnten bereits im April die ersten Maschinen ausgeliefert werden.

... zeigte die Firma **Lemken** auf der DLG-Ausstellung in Hamburg erstmals einen „Winkeldrehpflug für den hydr. Dreipunktanbau“ am Schlepper. Der Winkeldrehpflug war damals neben dem Volldrehpflug sehr begehrt, denn die niedere Schwerpunktlage, sowie die linke und rechte, unabhängige Einstellung von Schnittbreite und Querneigung, brachte seine Vorzüge gerade in hängigem Gelände zur Geltung.

... stellte die Firma **Dechentreiter** in Bäumenheim den Mähdrescher „ID 4240“ vor. Dieser gezogene Mähdrescher wurde nicht über die Zapfwelle vom Motor des Schleppers angetrieben, sondern den Antrieb übernahm ein Aufbaumotor. Nach Angaben der Firma gewährleistete diese Lösung eine gleichmäßige Mäh-, Dresch- und Bindearbeit, die nicht von der Fahrgeschwindigkeit oder der wechselnden Motordrehzahl des Schleppers abhängig ist. Außerdem ist die Wendigkeit des Gespanns größer, und der ziehende Schlepper kann über weit weniger Leistung verfügen. Es konnten Schlepper ab 12 PS zum Einsatz kommen.

Mähdrescher ID 4240

...waren in der Bundesrepublik ca. 500 **Mähdrescher** im Einsatz.

... brachte die Firma **Hermann Lanz,** Aulendorf, einen Schlepper mit 17 PS auf den Markt. Dieser Schlepper war mit einem Zweizylinder-Diesel von MWM und einem Sechsgang-Getriebe ausgerüstet.

... brachte **IHC** den Schlepper Typ „DF 25“ auf den Markt. Er war der erste IHC-Schlepper, der mit einem Dieselmotor ausgerüstet war. Es war ein Vierzylinder-Reihenmotor, der, wie auch der Schlepper, in Neuss entwickelt wurde. Dieser hochrädrige DF 25 erfreute sich großer Beliebtheit und brachte IHC einen Durchbruch im Schleppergeschäft.

McCormick-Farmall

Hela-Diesel-Bauernschlepper

Deutz-Dieselschlepper luftgekühlt

.... gab es im Hause **Deutz** den verbesserten 15-PS-Schlepper „Typ F1L 514/51“ der sich von seinem Vorgänger, dem Typ „F1L 514/50“, in vielen Details unterschied: Der neue „15-er“ hatte ein 5-Gang-Getriebe, eine serienmäßige Zapfwelle und eine größere Bereifung (8.00–32 oder 10.00–28 hinten und 5–16 oder 5.5–16 vorne), Kotflügel mit Beifahrersitz über den Hinterrädern, und er konnte auf Wunsch mit einem Vorschaltgetriebe ausgerüstet werden, was die Gangzahl verdoppelte. Der Radstand ließ sich von 1 585 mm auf 1 670 mm erweitern. Dieser 15-PS-Schlepper wurde auch als Schmalspurschlepper geliefert.

Fahr-Motormäher

... gab es auch im Erntemaschinenbau von **Fahr** einige Neukonstruktionen, so den Schwadenrechen „P 50“ für Schlepperzug, der aus der Gespannmaschine „P 5“ entstanden war. Ebenso neu für die Futterernte war der Zapfwellen-Wenderechen „ZU 81“, der zum Wenden, Zetten und Schwadenrechen eingesetzt werden konnte. Dem Trend zum Leichtbau folgend, nahm Fahr den Gespannbinder „B 8“ mit 1,50 m Schnittbreite in sein Produktionsprogramm auf. Für den Schlepperzug war der neue leichte Zapfwellen-Binder „Z 3“ im Programm, der gegenüber dem Typ „Z 1“ 300 kg leichter war. Für den Fahr-„Handmotormäher“ gab es einen Einachssitzwagen mit einer Nutzlast von 450 kg, was eine zusätzliche Verwendung als Kleintransporter ermöglichte.

... feierte **Allgaier** die Fertigung des 10 000. „A 22“-Schleppers, der am 25. Juli fertiggestellt werden konnte. Außerdem stellte Allgaier im September auf dem Zentral-Landwirtschaftsfest in München den neuen Schlepper-Typ „A 12“ vor. Dieser Schlepper leistete 12 PS und kostete ganze 4 545,– DM. Die Firma hob dabei vor allem die Möglichkeit der Vollmotorisierung auch für die Kleinlandwirte hervor, was mit diesem neuen Kleinschlepper möglich wurde. Gleichzeitig bewarben sie, wie die Firma Kramer, die Vorteile der Beifahrersitze auf den Hinterradkotflügeln.

... bot **Hanomag** der Landwirtschaft ein gut abgestuftes Schlepperprogramm an, das, über den 16-PS-Typ „R 16“, der in Normal- und Hochradausführung geliefert werden konnte, und den 22-PS-Typ „R 22“, ebenfalls als Normal- und Hochradvariante lieferbar, bis zum Typ „R 28“ mit 28 PS reichte. Nach oben rundete der 45-PS-Radschlepper Typ „R 45“ das Programm ab.

Allgaier A22

... feierte der **Lanz-Bulldog** seinen 30. Geburtstag. Erinnern wir uns: 1921 lief der erste Bulldog, der 12 PS „Typ HL“, auf dem Werksgelände von Mannheim und wurde im gleichen Jahr der Fachwelt auf der DLG-Ausstellung in Leipzig vorgestellt.

... ebenso erstaunte der **Ruhrstahl-Geräteträger** mit seinem für ihn charakteristisch gebogenen Tragrahmen die Fachwelt, und auch er fand ein großes Echo auf dieser Messe. Allein 300 Fahrzeuge konnten hier verkauft werden.

Ruhrstahl

Fahr KT 10

... am 1. Juli erwarben die Gebrüder **Eicher** das Famag-Werk in Dingolfing, um es als Zweigwerk für die expandierende Eicher-Produktion zu nutzen. Außerdem feiert Eicher die Auslieferung des 4 000. Schleppers. Neu im Schlepper-Programm waren der 19-PS-Schlepper „ED 16 II“, sowie die Typen „L 28“ und „L 40“, die im Gegensatz zum 19-PS-ED mit Deutz-Dieselmotoren ausgerüstet waren. Der L 28 hatte den Typ „F2L 514“ mit 28 PS, der aber noch im gleichen Jahr als 30-PS-Maschine geliefert wurde. Der L 40 war mit dem Typ „F3L 514“ mit 42 PS ausgerüstet. Nur der 19-PS-Schlepper hatte den neuen, luftgekühlten Einzylinder-Diesel aus eigener Fertigung.

... erwarb die **Fahr** von der Schweizer Landmaschinenfabrik Bucher-Guyer die Lizenz zum Bau für den 1945 entwickelten Einachsschlepper. Damit war der Weg frei, diesen Einachsschlepper samt den Anbau- und Anhängegeräten in Deutschland nachzubauen und zu vertreiben. Fahr verwendete für den Schlepper die Bezeichnung „KT 10“.

... zeigte **LHB,** die Linke-Hofmann-Busch, Waggon, Fahrzeug und Maschinen GmbH in Salzgitter, auf der DLG-Ausstellung erstmals ihre Leichtraupe „Robot“. Die in Stahlrohrrahmenbauweise gebaute Raupe hatte einen 22-PS-Zweizylinder-Dieselmotor der Firma Modag und ein Fünfgang-Getriebe.

Eicher-Diesel luftgekühlt

Fahr D 17

... erschien bei **Güldner** der Typ „AF 20“. Zum Einbau kam der Güldner-Zweizylinder-Dieselmotor Typ „2 DA“, der bei 1 800 U/min 22 PS leistete. Das Getriebe hatte fünf Vorwärtsgänge mit Geschwindigkeiten zwischen 3,0 km/h und 20,0 km/h, sowie einen Rückwärtsgang mit 2,2 km/h. Als Sonderausrüstungen konnte ein Fünffuß-Mähwerk, eine Riemenscheibe, eine Hochradbereifung, ein hydraulischer Kraftheber, sowie eine Seilwinde und ein Wetterschutzverdeck geliefert werden.

... gab es auch bei **Fahr** in Gottmadingen einige neue Schleppertypen, so den aus dem „D 15“ entstandenen Typ „D 17“, der in Normalausführung oder als Hochradvariante „D 17 H“ geliefert werden konnte. Ausgerüstet mit einem 17 PS starken Zweizylinder-Dieselmotor von Güldner und Fünfgang-Getriebe, konnte der Schlepper sowohl als Hauptschlepper für bäuerliche Mittelbetriebe oder auch als Zweitschlepper für größere Betriebe dienen. Ebenso neu war der Fahr „Typ D 25“ bzw. „D 25 H“, der mit einem wassergekühlten 22-PS-Zweizylinder-Dieselmotor, Typ „F2M 414“, von Deutz ausgerüstet war.

Kelkel K 22

... brachte die Firma Gottfried **Kelkel** einen 24-PS-Schlepper mit Zweizylinder-MWM-Motor auf den Markt. Es war der Typ „K 22“. Außerdem zeigte die Firma erstmals einen Triebachsanhänger. Die Achse dieses Anhängers wurde über die Schlepperzapfwelle angetrieben. Dieser Idee war aber wegen vieler technischer Probleme keine große Zukunft beschieden.

...beschäftigten sich die **Konstrukteure der Landmaschinenindustrie** schwerpunktmäßig mit der Normung der Geräteaufhängung am Schlepper bzw. am hydrl. Kraftheber.

... gab es bei **Steyr** den Schmalspurschlepper „80 S“, der für den Weinbau entwickelt wurde. Als Basis diente der zwei Jahre zuvor erschienene Standardschlepper Typ „80“. Deshalb war er auch, abgesehen von den Achsen, dem Lenkgestänge und dem Hydraulikgestänge, mit diesem Typ identisch.

... erblickte im badischen Gutmadingen ein neuer **Kramer**-Schlepper das Licht der Welt: der 22 PS starke „Allesschaffer“. Der Schlepper war mit einem Zweizylinder-Viertakt-Dieselmotor ausgerüstet und war in Blockbauweise ausgeführt. Das Getriebe bot fünf Vorwärts- und einen Rückwärtsgang. Als Zusatzausrüstung konnte ein Fünffuß-Seitenmähwerk, ein hydraulischer Kraftheber, sowie eine Seilwinde mit Bergstütze bestellt werden.

... hatte die Allgäuer Firma **Fendt** vier Schleppertypen im Programm. Den 15-PS-Kleinschlepper „F 15“, der mit einem Einzylinder-Viertakt-Dieselmotor ausgerüstet war. Auch das „20-PS-Dieselross“, so die Markenbezeichnung der Fendt-Schlepper, verfügte über einen Einzylinder-Dieselmotor. Einen Zweizylinder-Dieselmotor dagegen hatte der Universalschlepper „F 25“, der 28 PS leistete. Den Abschluß nach oben bildete der mit einem Dreizylindermotor ausgerüstete Grasschlepper „F 40“ mit 40 PS. Die 15-, 20- und 28-PS-Schlepper konnten auch als Hochradvarianten für den Hackfruchtanbau geliefert werden.

... begann man bei uns, **Melkmaschinen** einzusetzen... stetig und steil stiegen die Verkaufszahlen: am Jahresende waren 16 300 Stück im Einsatz.

... zeigte die Firma **IF** auf der DLG den ersten „Eintuch-Bindemäher“. Dieser für kleinere Betriebe konzipierte Bindemäher brachte eine Entwicklung ins Rollen, die viele namhafte Binderhersteller zum Umdenken zwang. Endlich war die Domäne, nur große, schwere Maschinen herzustellen, gebrochen. Nun mußten auch diese Firmen wohl oder übel über den Bau leichterer Maschinen für die kleinere bäuerliche Landwirtschaft nachdenken, wollten sie an diesem Umsatz teilhaben.

... suchte **Deutz** einen Landwirtssohn mit dem Vornamen des Schöpfers des Viertaktmotors „Nikolaus-August-Otto“. Akzeptiert wurde auch die abgewandelte Form Nikolaus-Otto der August-Otto. Ihm sollte der 50 000. Deutz-Schlepper, ein 15-PS-Bauernschlepper, geschenkt werden.

... war der **Lanz-Geräteträger** wohl die Sensation auf der DLG-Ausstellung schlechthin. Das „Lanz-System“ oder auch „Schau voraus-System“ wie der Geräteträger zunächst noch genannt wurde, bekam viele Vorschußlorbeeren. Mit mehreren Deutschlandfahrten wurde er nach der Messe der potentiellen Fachwelt bekannt gemacht, wo er, mit der Vielzahl seiner Geräte und Anbaumöglichkeiten in Land- und Forstwirtschaft, aber auch als Kommunal- und Industriefahrzeug, eine glänzende Zukunft haben sollte. ■

Gesucht ...
... gefunden

Wie Herbert Reimitz aus 89346 Bibertal seinen Fahr-Dieselschlepper fand.

Es war ein schöner Tag, und so entschloß ich mich, mit dem Fahrrad die umliegende Gegend zu erkunden. Besonders nach älteren Schleppern wollte ich Ausschau halten. Auf der Landkarte suchte ich eine Tour, die mich durch Dörfer, Wiesen und Wälder führen sollte.

Nach etwa zwei Stunden Fahrzeit radelte ich durch den Ort Obenhausen, und kurz vor Ortsende entdeckte ich einen Bagger, der gerade dabei war, eine Scheune abzureißen.

Meine Neugier war geweckt. Also wurde angehalten, um die Sache näher zu betrachten.

Inzwischen hatte der Bagger seine Arbeit eingestellt, von dem alten Gemäuer war nicht mehr viel übrig, und ich schaute mir alles genau an. Aber da im rechten Eck, was sehen meine Augen, unter all dem Staub und Dreck? Das ist doch ein Umsturzbügel, der hier hervorschaut?

Und wo so ein Bügel ist, da müßte doch auch ein Traktor sein! Auf alle Fälle nichts wie hin und nachgeschaut. Dreck und Staub waren jetzt Nebensache.

Tatsächlich! Unter Mauerresten, dem vielen Dreck, dem zentimeterhohen Staub, kommen Planen und Säcke zum Vorschein. Gut zugedeckt, nur durch den Umsturzbügel zu sehen, da stand einer. Ein Schlepper. Weg mit all dem Dreck, den Planen und Säcken. Plötzlich ging alles so leicht, wie von selbst. Schnell war das gröbste abgeräumt, es war wie beim Geschenkeauspacken oder wie Ostern und Weihnachten zusammen. Was würde wohl unter all den Decken herauskommen?

Fahrersitz und Hinterradkotflügel waren zuerst freigelegt, jetzt noch die Motorhaube. Rot war die Farbe des Schleppers, doch der Typ, die Marke, das hielt sich noch verborgen. Doch jetzt ein Schriftzug, und der ist mir vertraut: Fahr D17 N kann ich hier lesen.

Lichtmaschine und Anlasser sind noch an ihrem Platz. Wasser ist keins mehr im Kühler, doch dies kann nur von Vorteil sein, aber ein Rest Diesel ist noch im Tank.

Was jetzt?

Dieser Traktor gefällt mir! Also hoch zum Baggerführer und fragen. Jetzt weiß ich Adresse und Telefonnummer des Grundstücksbesitzers. Also ab zur nächsten Fernsprechzelle und anrufen. Ich erzählte von meinem Fund und lasse duchblicken, daß ich dieses Fundstück kaufen möchte. Dann erfahre ich, daß der Grundstücksbesitzer auch der Traktorbesitzer ist, und er ist von einem Verkauf nicht abgeneigt. Wir verabredeten uns für den nächsten Tag, kurz nach Mittag. Jetzt wieder zurück zur Baustelle und den Fahr wieder sauber zudecken. Voller Freude gings nun an die Heimfahrt. Unterwegs suchte ich noch einen bekannten Landmaschinenmechaniker auf, um einige Ratschläge sowie Motoröl, eine Starterbatterie und zwanzig Liter Diesel zu erhalten.

Der nächste Tag: Motoröl, Diesel, Werkzeug, leere Kanister, die Starterbatterie und Wasser für den Kühler, alles ins Auto. Dann bat ich meine Frau, daß sie mich begleiten sollte. Jetzt, auf der Fahrt hatte ich Gelegenheit, sie von meinem Vorhaben zu unterrichten.

Ein tolles Gespann, der Fahr-Schlepper zusammen mit dem Hummel-Anhänger

Etwas Technik für den interessierten Leser:

Hersteller:	Maschinenfabrik Fahr in Gottmadingen
Baujahr:	1954
Motor:	1 300 ccm, 2 Zylinder, Viertakt, wassergekühlt, hergestellt bei der Firma Güldner, Aschaffenburg
Leistung:	17 PS
Getriebe:	Fünf Vorwärtsgänge, ein Rückwärtsgang, hergestellt bei der Firma ZF

Kaum zu glauben, daß dieser Fahr-Schlepper einst in einer Scheune stand, die über ihm abgebrochen worden ist.

Inzwischen waren wir in Obenhausen angelangt. Zuerst den Schlepper wieder abdecken.
Mit dem Besitzer, der auch eingetroffen ist, werde ich schnell handelseinig. Zum Glück konnte er die Kfz-Papiere finden, die er gleich mitgebracht hat. Jetzt das Öl wechseln, den alten Kraftstoff ablassen und neuen einfüllen, Batterie anschließen. Dann schnell rauf auf den Schlepper, auf dem Sitz Platz nehmen und die Zündung einschalten. Die Kontrolllampe leuchtet auf Anhieb, und das ist schon mal ein gutes Zeichen. Doch nun wird es jeden Moment spannender. Licht und Blinker funktionierten auch. Jetzt gut vorglühen, ein Rat des Landmaschinenmechanikers von gestern. Diesen Rat will ich besonders gut befolgen. Die Vorglühspirale rötete sich langsam und meine Anspannung stieg mit. Jetzt will ich es wagen, den Anlaßschalter in die Endstellung zu bringen. Der Motor beginnt sich zu drehen und – springt an, ganz ohne Mühe. Tatsächlich, er läuft. Dicke, schwarze Rauchwolken kommen noch aus dem Auspuffrohr, doch sie werden schnell weniger und verschwinden bei normaler Handgaseinstellung ganz.

Einfach toll!

Mensch bin ich froh, der Motor läuft. Und wie der läuft, als hätte er nie etwas anderes getan.
Motor und Schlepper freuen sich, daß wieder Leben in ihnen ist. Und von meiner Freude will ich erst gar nicht reden.
Jetzt auf zur Heimfahrt! Noch einige Bretter und Steine aus dem Weg geräumt, wieder auf dem Sitz Platz genommen, den zweiten Gang eingelegt und langsam aus der Abbruchscheune herausfahren.
Nach ungefähr drei Stunden gemächlicher Fahrt waren wir beide, mein Fahr und ich, zu Hause. Meine Frau war natürlich schon längst da. Sie schaute mir entgegen, doch ihr Blick war nicht gerade verheißungsvoll. Aber was soll's?
Was kommt jetzt? So kann der Traktor nicht weiter benutzt werden. Die Reifen vorne wie hinten sind abgefahren, die Kühlerschläuche rissig. Motor und Getriebe schienen in Ordnung zu sein.
Trotzdem gibt's viel zu tun.
Ein gutes halbes Jahr ging vorüber, bis der Fahr wieder gerichtet und zum Schluß noch neu lackiert war, natürlich in original Fahr-rot.
Seitdem ist es unserem Fahr nicht mehr langweilig geworden. Wir besuchten einige Oldtimertreffen in unserer näheren Umgebung. Im letzten Frühjahr fand sich noch ein guterhaltener Anhänger der Marke Hummel, hergestellt in Ehrenstein bei Ulm, welcher inzwischen mit dem Fahr ein schönes Gespann abgibt. ■

Mit Vielseitigkeit durchs ganze Jahr:

Beispiel Hanomag

Eine Bildzusammenstellung von 1950

Mit Texten von Michael Karle und Rainer Bank

Die Landwirtschaft nach dem Krieg war in Deutschland noch stark geprägt von der breiten Anbauvielfalt eines Betriebs, war doch die Eigenversorgung ein wesentlicher Faktor bei der Auswahl der Produkte. Deshalb findet sich meist Schweinezucht neben Rinderhaltung mit Fleisch- und Milchgewinnung, was wiederum neben dem Grünfutteranbau auch den Ackerbau für Getreide und Hackfrüchte erforderlich macht. Entsprechend waren die Schlepperfirmen gefordert, diese anspruchsvollen Bedürfnisse mit einem einzigen Schlepper wirtschaftlich abzudecken, wollte man die Motorisierung weiter fördern. Wie die Firma Hanomag darauf reagiert, erfahren wir im nachstehenden Bildbericht. Im Einsatz ein R 25.

Bild 1

Bild 2

Bild 3

Bevor mit der Einführung in die Vielseitigkeit begonnen wird, noch ein Blick in die Firmengeschichte, denn Geschichte und Tradition bürgen für Erfahrung. Hanomag hat beides, Geschichte und Tradition, und darf mit Stolz darauf verweisen.

Bild 1 zeigt einen Motorkraftpflug mit 80 PS und verweist damit sowohl auf die Erfahrung mit landwirtschaftlichen Zugmaschinen als auch mit Verbrennungsmotoren, die bis ins Jahr 1912 zurückreichen.

Gleiches bei Bild 2. Hier werden zwei Raupenschlepper mit 25 und 50 PS als Vertreter der Zugmaschinen im landwirtschaftlichen Einsatz mit bestmöglicher Geländegängigkeit vorgestellt. Hier reicht die Erfahrung bis in die Jahre des Ersten Weltkriegs zurück.

Bild 3 zeigt den ersten Hanomag-Radschlepper vom Typ WD 26 als typischen Vertreter, wie er heute (1951) allgemein üblich und gebräuchlich ist. Er demonstriert Einsatzmöglichkeit und Geländegängigkeit. Nur, er stammt noch aus jener Zeit, als man keine Luftbereifung kannte. Wiederum ein Zeuge für die lange Tradition und Erfahrung der Firma mit landwirtschaftlichen Zugmaschinen.

In Bild 4 wird nun die neueste Hanomag-Konstruktion vorgestellt, der Typ R 25. Noch verzichtet man bewusst auf eine Typen- oder Leistungsangabe, denn hier geht es allein um die Vielseitigkeit eines Schleppers, nach dessen Baumuster bald eine breitere Leistungspalette folgen wird.

Gezeigt wird ein moderner Halbrahmen-Schlepper in Standardausführung. D. h., kräftiges Erscheinungsbild mit Luftbereifung und stehendem Reihen-Dieselmotor, elektr. Beleuchtung, großer Bodenfreiheit und hoher Luftansaugung, vorteilhaft bei staubiger Luft.

Bild 7

Bild 6

Bild 4

Sollte der Einsatz im Ackerbau überwiegen, steht der Schlepper selbstverständlich auch in Hochradausführung, wie auf dem nächsten Bild zu sehen, zur Auswahl. Er vermittelt eine noch größere Bodenfreiheit und weniger Platzbedarf durch schmälere Hinterräder, was besonders im Hackfruchtanbau, vor allem bei Korn und Rüben wichtig ist. Wie man sich dies in der Praxis vorzustellen hat, zeigen die folgenden Bilder.

Bild 6 zeigt besagte Hochradausführung beim Ziehen der Saatfurche im zeitigen Frühjahr mit einem Zweischar-Kippflug, an der Ackerschiene des Schleppers angehängt. Mit dem ebenfalls mitgezogenen Schollenbrecher können gleichzeitig die Kluten zertrümmert werden.

Auf Bild 7 zieht derselbe Schlepper einen Kultivator, auch Grubber genannt, der den gepflügten Acker für die Getreideaussaat herrichtet.

Dann folgt auf Bild 8 die Frühjahrsbestellung mit der Drillmaschine. Weil ein exaktes Anschlussfahren für einen erfolgreichen Getreideanbau von großer Wichtigkeit ist, machte sich hier die übersichtliche Bauart des Schleppers positiv bemerkbar.

Das „Stoppelschälen“ nach der Getreideernte wird in Bild 9 erledigt. Gezogen wird ein Fünfschar-Beetpflug.

Bild 8

Bild 9

Bild 10

Bild 11

Bild 12

Bild 13

Bild 14

Bild 15

Mit dem Zapfwellen-Schleuderrad-Roder werden im Bild 10 Kartoffeln gerodet. Der Zapfwellenantrieb reinigt die Kartoffelknollen besser von anhaftender Erde, als vergleichsweise ein Bodenantrieb. Ein Abweisblech legt die gerodeten Kartoffeln auf einem Schwad ab, sodass vor dem Auflesen von Hand mehrere Kartoffeldämme gerodet werden können.

Bild 11 zeigt geerntete Zuckerrüben bei der Abfahrt aus dem Acker. Die Hochradausführung bewirkte dabei eine größere Traktion und verbessert damit die Zugkraft gegenüber der Standard-Bereifung.

Hier eine moderne Getreideernte mit einem Zapfwellenbinder. Mit dem Zapfwellenantrieb des Schleppers wird eine enorme Leistungssteigerung gegenüber dem Bodenantrieb eines Gespannbinders erreicht.

Rationell geht es bei der Heuernte auf Bild 13 zur Sache. Dank des Einsatzes des Schleppers kann gleichzeitig zum Mähen ein Zapfwellen-Graszetter das Gras zur besseren Trocknung auseinanderstreuen.

Auf Bild 14 besorgt ein zapfwellengetriebener Gabelheuwender das Wenden des Heus.

Auf Bild 15 wird das fertige Heu mit einer Claas-Niederdruck-Aufsammelpresse geerntet. Auf der Ladeschure schiebt sich das gepresste Heu Ballen für Ballen in Richtung Transportwagen, wo es von zwei fleißigen Erntehelfern abgenommen und gestapelt wird. Ein Heuernteverfahren, das nur mit Schlepper und Zapfwelle möglich ist.

Der Hanomag R 25 in seiner Hochradausführung ist ein idealer Hackfruchtschlepper. Die schmale Bereifung ermöglicht eine Durchfahrt der Kartoffelreihen, wie in Bild 16 beim Pflanzenschutz mit einer Holder-Anhängerspritze, ohne dabei Pflanzen zu beschädigen.
Ein anderes Kartoffelernteverfahren zeigt Bild 17. Ein zapfwellengetriebener Schwingsiebroder älterer Bauart nimmt die Kartoffeln auf und reinigt sie durch rütteln von anhaftender Erde.
Nicht mehr mühevoll von Hand aufgelesen werden die Kartoffeln in Bild 18. Die mit einem modernen Schwingsiebroder geernteten Kartoffeln werden durch flinke Hände bezüglich Qualität und Größe sortiert. Für den Abtransport kommt noch das Pferdegespann zu Ehren.
Wieder etwas mühevoller ist die Kartoffelernte mit dem Siebtrommelroder. Durch die Rotation werden die Kartoffeln in der Siebtrommel gereinigt und anschließend in einer Reihe abgelegt.
Die Zuckerrübenernte ist noch nicht abgeschlossen, wie die Zuckerrübenhaufen im Hintergrund von Bild 20 verraten, doch schon kann der Hanomag den Anbau-Wechselpflug wieder durch den Acker ziehen, um die anstehende Wintergetreideaussaat vorzubereiten.
Unermüdlich steht der Hanomag seinem Besitzer zur Seite wie auf Bild 21 bei der Heumahd. Je nach Wiese und Bewuchs können so bis zu 5 ha je Tag abgemäht werden.

Bild 16

Bild 17

Bild 18

Bild 19

Bild 20

Bild 21

Bild 22

Bild 23

Bild 24

Bild 25

Bild 26

Das tägliche Grünfutter einzuholen, ist ohne Schlepper eine zeitaufwendige Schinderei. Viel leichter geht es mit dem Fuderlader, der das Grüngut direkt nach dem Abmähen aufnimmt und auf den Anhänger befördert.
Zu Hause angekommen, wird das Futter, wie auf Bild 23 ersichtlich, mit Hilfe der Schlepperhydraulik abgekippt und den Tieren vorgelegt.
Getreideernte im Kleinbetrieb: der Schlepper sorgt, wie Bild 24 zeigt, beim Getreideschnitt für Erleichterung. Die weitere Ernte ist Handarbeit.
Bild 25 zeigt die Vorbereitung zur Kartoffelpflanzung. Mit Lochsternen werden Pflanzlöcher angelegt.
Bild 26: Selbstverständlich ist der Hanomag auch mit Seilwinde und Bergstütze ausrüstbar. Angetrieben über die Zapfwelle, kann damit eine enorme Zugkraft ausgeübt werden.
Einen Blick auf die Bosch-Einspritzpumpe, die Kraftstoffleitungen und Einspritzdüsen des Hanomag-Dieselmotors ermöglicht Bild 27.
Ein Kupplungsmaul der Firma Rabe ermöglichte nach dem Abnehmen der Anhängeschiene ein

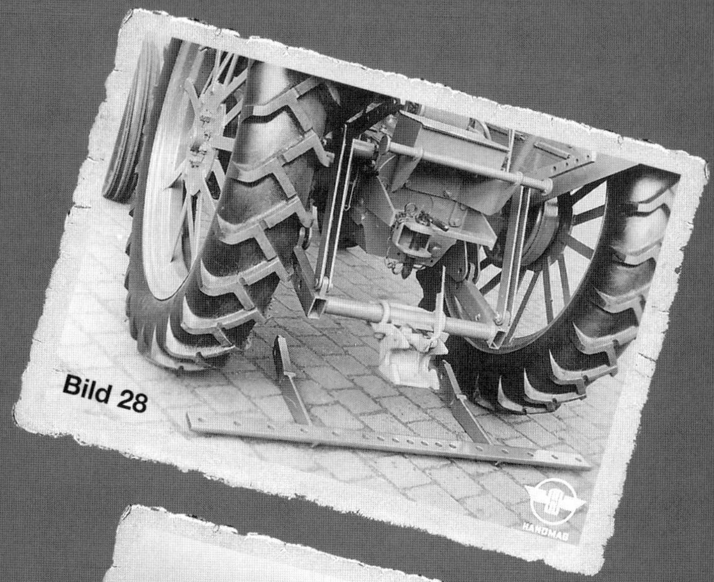

Bild 28

Bild 29

Bild 30

Bild 27

Bild 31

schnelles Ankuppeln von Anhängegeräten, ohne die Mithilfe einer zweiten Person. Voraussetzung jedoch ist die Normung der Gerätschaften auf dieses Kupplungssystem.
Die Bilder 29 und 30 zeigen den Einsatz von Zweischar-Anbau-Wechselpflügen, einmal in Verbindung mit einem Schollenbrecher. Das Ausheben erfolgt mit der Vier-Punkt-Schlepperhydraulik.
Auf Bild 31 wird die Dreipunkt-Hydraulik am Beispiel eines angebauten Beetpfluges demonstriert. Wahlweise ist der Hanomag mit Kraftheber in Drei- oder Vier-Punkt-Anhängung lieferbar, denn eine Normung konnte sich noch nicht durchsetzen.

Bild 32

Bild 33

Bild 34

Bild 35

ld 38

Bild 36

Bild 37

Bild 39

Bild 40

Bild 32 zeigte die Anhängung eines Kultivators an das Rabewerk-Kupplungsmaul mit hydraulischer Aushebung und Vier-Punkt-Anführung.
Nach gleichem Muster wird auch die auf Bild 33 angebaute Egge eingesetzt.
Bild 34 zeigt eine Maschine, die beim Ziehen von Kartoffeldämmen zum Einsatz kommt. Besonders Augenmerk gilt es auf den Schwingrahmen zu richten, der das Arbeitsgerät beim Anheben oder Absenken immer parallel zum Boden führte.
Das Stoll-Vielfachgerät, hier in Bild 35, wird nur an der Anhängeschiene befestigt. Mit den Hackwerkzeugen und Hohlscheiben kommt es beim Hacken von jungen Zucker- oder Futterrübenpflanzen zum Einsatz.
Ebenfalls von Stoll ist das Vielfachgerät zum Anhäufeln der Kartoffeldämme zwecks der Unkrautbekämpfung in Bild 36. Mit den zu den oberen Kraftheberanlenkpunkten führenden Federstreben kann der Druck auf die Häufelkörper angepasst werden.
Eine Schlepperhydraulikanlage kann auch die Schlepperfront nutzbar machen. Bild 37 zeigt den Hanomag-Schlepper mit angebautem Frontlader und Erdschaufel, hergestellt von der Firma Wittenburg.
Fast unendliche Einsatzmöglichkeiten und Arbeitserleichterung sind mit dem Frontlader gegeben. Sei es das kraft- und zeitraubende Mistladen auf Bild 38, oder das Zuckerrübenladen auf Bild 39, das immer zur leichten Ein- Mann-Arbeit wird.
Wo sich der Einsatz eines Frontladers aufgrund fehlender Rangierfläche nicht eignete, ist der Anbau eines Heckladers die bessere Lösung. Im Vorzug gegenüber stationären Ladekränen kann der Hecklader mit dem Schlepper ortsveränderlich bewegt werden, und darüber hinaus auch zu Ausbaggerungen eingesetzt werden. ■

Das Transportgewerbe:

Acker, Straße, Autobahn

Von Joachim Wahl

Eine Entwicklungsgeschichte, aufgezeigt am Beispiel der Firma Kaelble aus dem schwäbischen Backnang.

In den Anfangsjahren der Motorisierung galt die Landwirtschaft als Vorbild für andere Industriezweige. Dies war kein Wunder, waren dort doch zahlreiche, sehr schwere Arbeiten und Transportaufgaben zu bewältigen. In größeren landwirtschaftlichen Betrieben hatte man sich schon lange mit Dampfmaschinen die Arbeit erleichtert z. B. beim Dreschen und Pflügen. Die Handhabung dieser oft gewaltigen Maschinen war jedoch nicht einfach. Man hatte die Maschine rechtzeitig anzuheizen, für Brennstoff und Wasser zu sorgen, und selbst in Pausen musste man die Maschinen in Gang halten.

Diese Zugmaschine "Suevia AD 17", dient der Berliner Schultheiss-Brauerei als Zugfahrzeug für Ihre Bierlieferungen.

Der Verbrennungsmotor war hier unbestritten im Vorteil. Er konnte gestartet werden, wenn er benötigt wurde. Flüssige Brennstoffe waren einfacher zu handhaben und in geringeren Mengen bereitzustellen. Ähnliches gilt aber auch für das Wasser, das nun lediglich zur Kühlung und nicht mehr als Dampfquelle zur Verrichtung schwerer Arbeit dienen sollte. Der größte Vorteil der Verbrennungsmotoren war jedoch die Bedienung. Hatten bei der Dampfmaschine, wie bei der Lokomotive, mindestens ein Heizer und ein Bediener am Gerät zu verbleiben, so konnte beim Verbrennungsmotor der Maschinist sein Gefährt alleine handhaben.

Die ersten Ackerschlepper waren noch, ähnlich der Dampfmaschine, sehr groß und unhandlich. Daher waren sie nur bei größeren Gehöften wirtschaftlich einsetzbar. Ihre Hauptaufgabe war die Arbeit auf dem Acker. Immer mehr kam dann aber der Wunsch auf, auch Transportaufgaben mit dem Schlepper durchzuführen. Mit den Anfang der zwanziger Jahre entstandenen kleineren Schleppern wurde der Straßentransport immer wirtschaftlicher.

Nun wurden auch Transportunternehmer auf den Ackerschlepper aufmerksam. Sie suchten nach einer Alternative zum Pferd, das für die Verteilung der Waren im Nahverkehr ein unverzichtbares Hilfsmittel war. Demzufolge wurden immer mehr Traktoren mit Gummibereifung anstelle der üblichen Stahl-Ackerräder in den Verkehr gebracht. Der Ackerschlepper war damit der Vorreiter für den modernen Straßentransport.

Ein Pionier im Motoren- und Fahrzeugbau war der Backnanger Unternehmer Carl Kaelble. Er baute schon während seines Maschinenbaustudiums im Betrieb seiner Eltern den ersten Benzinmotor. Dieser ging 1908 in Serie. Die typischen Kaelble-Kunden waren jedoch nicht die Landwirte, sondern Bauunternehmer. Kaelble-Motoren fanden deshalb in der Bauindustrie – eingebaut in Steinbrecher und Straßenwalzen aus eigener Fertigung – Verwendung. Verwandt mit der Landwirtschaft waren die beliebten Kaelble-Bandsägen. Sie kamen, meist in selbstfahrbarer Ausführung, in der Holzindustrie zum Einsatz.

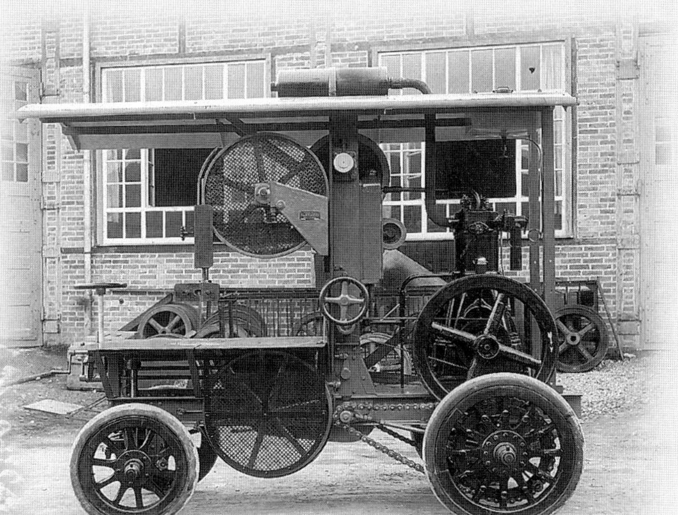

Oben:
Eine selbstfahrende Kaelble-Bandsäge, ausgerüstet mit einem Benzinmotor vom Typ „A".

Linke Seite:
Einer der wenigen bei Kaelble gebauten Ackerschlepper war dieser Typ „Z 2 A".
Die Zugmaschine „Suevia AD 17", hier mit einem Anhängesteinbrecher, war die erste, serienmäßig mit einem Dieselmotor ausgestattete Zugmaschine.

GEGRÜNDET
KAELBLE
1884

Um den Kundenwünschen gerecht zu werden, entwickelte auch Kaelble nach dem Ersten Weltkrieg eine neue Zugmaschinen-Baureihe, die durch ihre Bauweise mit dem Ackerschlepper sehr stark verwandt war. Die Fahrzeuge waren aber als reine Straßenmaschinen konzipiert. Das Kernstück der Zugmaschinen bildete eine von Carl Kaelble entwickelte neue Baureihe von Dieselmotoren. Kaelble gilt als Pionier des für Fahrzeuge geeigneten schnellaufenden Dieselmotors.

Die unter dem Markennamen „Suevia“ ab 1925 angebotenen Fahrzeuge vom Typ AD 17 konnten immerhin mit einer Motorleistung von 16/18 PS aufwarten. Die Zugmaschine F 15 z war mit einem Zweizylindermotor ausgestattet. Er leistete 25/30 PS. Ab dem Jahr 1928 begann eine neue Baureihe die Suevia-Typen zu ersetzen. Sie waren mit neuen Zwei-, Drei- und Vierzylindermotoren mit Motorleistungen von 30, 45 und 60 PS lieferbar. Die neue Baureihe war im Jahr 1932, mit dem Erscheinen der mit 60 PS stärksten in Deutschland erhältlichen Dieselzugmaschine Z 4 vollständig. Mit der maximal 32 km/h schnellen Zugmaschine konnten immerhin Lasten bis 20 t bewegt werden. Der Kunde hatte die Wahl, seine Zugmaschine mit einer gefederten Hinterachse auszustatten. Diese Fahrzeuge nannte man bei Kaelble Expresszugmaschinen. Mit ihnen ließen sich Fahrkomfort und Transportgeschwindigkeit erheblich steigern.

Zugmaschinen waren in den Anfangsjahren der Motorisierung sehr beliebt, konnten doch die bestehenden Anhänger ohne großen Aufwand an die neuen Zugfahrzeuge angepasst werden.

Bei den Versuchen, seine relativ schweren und auf der Hinterachse stark belasteten Zugmaschinen auch als Ackerschlepper anzubieten, war Kaelble nicht sehr erfolgreich. Für Kaelble war dies jedoch kein großer Nachteil, kamen die Maschinen doch bei der Transportindustrie bestens an. Trotzdem waren die im Schlepperkonzept gebauten Fahrzeuge nicht immer ideal. Sie boten keinen Stauraum für Ballast und mitfahrendes Personal. Zudem erschwerte die Sitzanordnung zwischen den Hinterrädern das Ein- und Aussteigen. Eine geschlossene Fahrerkabine war bei den Fahrzeugen nicht unbedingt Standard. Nicht wenige Fahrer mussten sich mit einem Faltverdeck oder gar einem offenen Fahrerplatz begnügen.

Kaelble entwickelte daher eine Zugmaschinenbaureihe, die in Ihrem Aufbau am Pkw angelehnt war. Die Entwicklung dieser neuen Typen geschah in enger Zusammenarbeit mit der Deutschen Reichsbahn. Dort arbeitete Dr. Johann Culemeyer an einem neuen Transportkonzept zum Straßentransport von Güterwagen.

Rechtzeitig zum 50-jährigen Jubiläum der Carl Kaelble GmbH, im Jahre 1934, war man in Back-

Oben:
Mit der „Z 2“ platzierte Kaelble seine zweite Zugmaschinengeneration. Der Langholzanhänger zeigt deutlich, dass er in früherer Zeit noch von Pferden gezogen wurde.

Links:
Was bei Hanomag der „Schnelltransporter“ und bei Lanz der „Eilbulldog“, war bei Kaelble die „Expresszugmaschine“.

Oben: Die ersten Sechzylinder-Zugmaschinen vom Typ „Z 6 G/1“ wiesen am Kühlergrill einen markanten Mittelsteg auf. Die Motorleistung betrug 100 PS.

Zum 50-jährigen Firmenjubiläum bot Kaelble drei Diesel-Schnellzugmaschinen mit 65, 100 und 130 PS an. Hier die Titelseite eines mehrseitigen Werbeprospektes.

Die 130-PS-Maschine vom Typ „Z 6 G 125“ war ein besonderes leistungsstarkes Zugfahrzeug.

Die „Z 6 G 125“ wurden auch als Sattelzugmaschine, Typ „S 6 G 125“, mit verlängertem Radstand gebaut.

Oben: Höchste Wirtschaftlichkeit einer Zugmaschine; eine „Z 6 G 125“ im Dienste der Essener Zeche Heinrich.

Ab 1937 modernisierte Kaelble die Fahrerhäuser seiner Schnellzugmaschinen. Dieses 100-PS-Sattelschlepperfahrgestell „S 6 GN 110“ war mit einem Dreiseitenkipper ausgestattet und damit zum LKW geworden.

nang in der Lage, sowohl die Schlepperbaureihen, als auch die neuen, Schnellzugmaschinen genannten Fahrzeuge anzubieten. Das serienmäßige Fahrerhaus der neuen Baureihe befand sich nun zwischen den Achsen. Es konnte in unterschiedlicher Größe für bis zu sechs Personen geliefert werden. Hinter dem Fahrerhaus hatte eine kleine Pritsche Platz, sie diente zur Aufnahme von Ballast, Werkzeug und kleineren Frachtmengen. Auch mit der formschönen Karosserie unterschied sich der neue Zugmaschinentyp von den bisherigen Konzepten. Es fand ein Leiterrahmen Verwendung, der Motor, Getriebe und Achsen aufnahm. Drei verschiedene Modelle mit Motorleistungen zwischen 65, 100 und 130 PS waren lieferbar. Motoren mit vier und sechs Zylindern wurden hierfür entwickelt. Diese neuen Motoren besiegelten endgültig den guten Ruf der Kaelble-Qualität. Ihnen wird noch heute eine hervorragende Kraftentfaltung bei langer Lebensdauer nachgesagt.
Die Höchstgeschwindigkeit der Vierzylindertypen betrug 40, die der Sechszylindermaschinen 50 km/h. Selbst mit einer Anhängelast von 20 t waren noch Geschwindigkeiten von 30 km/h möglich. Während die Zugmaschinen für die Reichsbahn durch ihre reduzierte Höchstgeschwindigkeit für den Schwertransport auf kürzeren Strecken im Umfeld eines Bahnhofes geeignet waren, ermöglichten die Schnellzugmaschinen nun auch den wirtschaftlichen Straßentransport über größere Entfernungen.
Der Ferntransport auf den neu entstehenden Autobahnen entwickelte sich weltweit zu einem ernst zu nehmenden Wettbewerber der Bahngesellschaften. Mit den Schnellzugmaschinen entfernte sich Kaelble endgültig von den am Ackerschlepper angelehnten Baumustern. Sie konnten durch Verlängern des Radstandes auch zu Sattelschleppern und Lastkraftwagen abgewandelt werden.
Obwohl sich die neuen Baureihen rasch durchsetzten, hatte Kaelble die Schleppertypen noch bis zum Jahre 1941 im Programm. In nur zehn Jahren hatte sich die Straßenzugmaschine zu einer völlig eigenständigen Fahrzeuggattung weiterentwickelt. ■

Vor fünfzig Jahren eine Sensation!

Eine Papierfabrik in Holland hatte bei Voith in Heidenheim einen Glättezylinder mit einem Durchmesser von 5 m geordert. Dieses fast 80 t schwere Ungetüm transportierte die Deutsche Bundesbahn im September 1951 mit schweren Kaelble-Dreiachszugmaschinen, die sie aus Restbeständen der Wehrmacht übernommen hatte. Insgesamt 520 PS leisteten die vier Zugmaschinen, um auch Steigungen zu bewältigen, bis der Neckarhafen in Heilbronn erreicht war.

Am 21. September quälte sich der Transport durch den engen Stadtkern von Murrhardt, wo dieses Bild entstand. Rechts im Bild das Rathaus, davor noch der alte Marktbrunnen.

Wir stellen uns vor:

Das Museum der Familie Pott

Heute wollen wir von einem kleinen aber feinen Privatmuseum berichten: dem Museum der Familie Pott aus Bad Driburg-Erpentrup. Erpentrup liegt am Teutoburger Wald in der Nähe von Detmold und Paderborn. Hier haben sich die Potts einen Lebenstraum erfüllt und 1995 ein kleines, sehenswertes Museum errichtet. Wer es betritt, fühlt sich sofort vertraut und heimisch und kommt beim Betrachten der verschiedenartigsten Exponate aus dem Staunen nicht mehr heraus.

Mein Name ist Pott, Ludwig Pott! Eigentlich sollte es anders kommen: Ich suchte in meinem Ort, oder in einer Nachbargemeinde, eine leere Scheune, wollte diese langfristig anpachten und darin unsere Sammlung unterstellen. Denn nach vielen Jahren intensiven Sammelns waren die Teile in zwei Garagen, Keller und Dachboden eingelagert. Traktoren und größere Teile standen beim Nachbarn unter, im Sommer draußen, und im Winter bei meinem Bruder. Die Scheune sollte gereinigt werden, die Sammlung schön aufgereiht, und eine kleine Sitzecke mit Kühlschrank sollte zum Verweilen bei kühlem Bier einladen. Doch in der Nähe war nichts zu bekommen. Und 15 Kilometer zur nächsten freien Scheune zu fahren, das war uns zu weit.

Also was tun?

Gegenüber unseres Wohnhauses hatten wir noch ein Grundstück mit starker Hanglage. Hier durfte ich samstags immer den Rasen mähen, wozu ich aber schon lange keine Lust mehr hatte. Nun ergab es sich, dass wir zur selben Zeit zwei Bausparverträge angespart und zuteilungsreif hatten. Kurzerhand beschlossen wir, das Rasenmähen einzustellen, den Hang wegbaggern zu lassen und ein Gebäude mit Keller zu bauen.

Ob Zweiräder, Dreiräder oder Vierräder, Blechspielzeug, Nützliches aus dem Alltag oder einfach Küchengeräte, alles wurde hier liebevoll zusammengetragen.

Bei den Verbrennungsmotoren schlägt das Herz jedes Liebhabers höher, denn hier ist alles zu finden: Diesel-, Benzin-, Benzol-, Gas- und Schwerölmotoren.

Wegen der Grenzen zu den Nachbarn, zur Straße und wegen eines alten Birnbaums wurde das Bauwerk 9,30 x 9,30 m groß, sodass auf zwei Etagen rund 160 m² Fläche geschaffen wurden, auf der unsere Sammlung ihr neues Domizil fand.

Schon äußerlich kann man erkennen, dass es sich bei diesem mit Fachwerk und Holzverkleidung gebauten Gebäude um etwas außergewöhnliches handelt: Vor dem Museum hat meine Frau einen Bauerngarten mit Buchsbaum-Beeten angelegt. Ein schwerer Findling aus dem nahen Eggegebirge, ein Heiligenhäuschen und eine alte Schwengelpumpe werden von einem dorftypischen Zaun eingefriedet. Der Eingang zum Museum wurde mit altem, gebrauchtem Naturstein-Pflaster belegt, und eine Bank sowie Weinranken und Rosen runden draußen das Bild ab.

In der oberen Etage des Museum sind Dinge des täglichen Lebens aus den 30er bis 60er Jahren zu sehen. Wir haben uns bemüht, die Dinge nach Themen zusammenzustellen. Da steht ein alter Büro-Arbeitsplatz mit alter Schreibmaschine, alten Stempeln, Rechnungsformularen usw. Daneben der Ofen des Schneiders mit Bügeleisen, Spiegel und Waschschüssel. Der Trödelmarkt, der in einer Ecke eingerichtet ist, birgt ungeordnet allerlei Kram und hat sein eigenes Flair. Dann die eingangs erwähnte Sitzecke: Ein bequemes Sofa, passende kleine Polstersessel, die Tütenlampe und der Nierentisch laden ein. Der alte Schwarzweiß-Fernseher vom Typ Heinzelmann, eingebaut in einen Fernsehschrank aus den 50er Jahren hat noch Karl Heinz Köpke und Frankenfeld gezeigt. In einer gelben Telefonzelle, die als Vitrine umgestaltet wurde, kann man Raritäten aus über 80 Jahren Dampfspielzeug sehen. Vom Stehkessel von 1908 (Bing) über Dampfmaschinen von Doll, Fleischmann, Falk, Bischof, VEB-Apparatebau usw. bis zur Dampffeuerwehr von Wilesco (1995) ist die ganze Vielfalt zu bestaunen. Daneben stehen Motorräder von DKW bis Schwalbe. Das sorgfältig

Kaum zu glauben, welche Schätze in diesem Gebäude zu finden sind.

Liebevoll restauriert und voll funktionsfähig kann man die Motoren bestaunen. Doch das wahre Ambiente machen die vielen Kleinigkeiten der Umgebung.

restaurierte Goliath-Dreirad von 1937, die selbstfahrende Brennholz-Säge von 1934 und der Holder-Einachsschlepper von 1936 sind die Groß-Exponate im Obergeschoss.

Geht man über die Treppe in den 80 m² großen Museumskeller, gelangt man zu den Lieblingsstücken des Besitzers, den Stationär-Motoren. Fein säuberlich, auf verklinkerten Betonsockeln, stehen hier Diesel-, Benzin-, Benzol-, Gas- und Schwerölmotoren sauber restauriert und funktionstüchtig. Aber saubere Sockel und restaurierte Motoren allein sind nicht alles: Erst das „Drumherum", wie alte Öldosen, rostige Schraubenschlüssel und Ersatzteile ergeben das besondere Gesamtbild. So haben wir denn auch neben diesen Utensilien meist auch die Historie der Motoren auf Schildern erläutert.

Der älteste Motor ist ein Deutz-Benzol-Motor aus dem Jahre 1910. Er wurde von uns auf einem entlegenen Bauernhof entdeckt und konnte nach sieben Jahre dauernden Verhandlungen erworben werden. Wir haben ihn mit viel Mühe restauriert und unter großen Anstrengungen zum Laufen gebracht. Dieser Motor springt nur mit einem Vorstecker an, mit dem der Motor auf Spätzündung geschaltet wird. Als in den Kriegsjahren die Amerikaner anrückten, hatte Oma den Schlüssel weggeworfen, sodass die „Amis" nichts mit dem Motor machen konnten und ihn stehen ließen. In den Jahren danach kam die Elektrizität auch auf diesen Bauernhof, sodass der Motor überflüssig wurde. Der Raum wurde kurzerhand zum Brikettlager umfunktioniert und der Motor wurde damit zugepackt. So stand er nun bis 1997, also 87 Jahre, dort. Als wir die Brikett weggepackt hatten und ihn abbauten, sagte uns die alte Bäuerin, dass der Motor garantiert 50 Jahre nicht mehr gelaufen sei, denn sie feierte mit ihrem Mann vor kurzem Goldene Hochzeit und sie hatte, seit sie vor 50 Jahren auf den Hof gekommen war, den Motor noch nie laufen sehen. Auch die Herstellung des Vorsteckers, quasi des Zündschlüssels, war schwierig. Hier hat uns das Westfälische Freilichtmuseum in Detmold geholfen, das uns für einen Tag ein Original zum Nachbauen überließ. Nun läuft er also nach über 50 Jahren wieder.

So können wir fast von jedem unserer 24 Standmotoren eine kleine Geschichte erzählen, denn irgendwie hat jeder Motor eine andere Vergangenheit. Einmal haben wir in einer Mühle in der Nähe von Marburg einen großen Deutz-Motor ausgebaut und mussten, um das Schwungrad mit Kurbelwelle durch die Außentür hinauszubekommen, diese mit Hammer und Meißel erst um zwei Zentimeter verbreitern.

Unser „Herforder Schwerölmotor" ist der zurzeit gewichtigste Motor und braucht einige extra dicke Betonfundamente, damit das ganze Museum nicht zusammenklappt, wenn er läuft.

Bald wird er Konkurrenz bekommen, denn in Holland haben wir einen ganz großen Schiffsdiesel gekauft. Der wird auf schwere Schwingelemente (von Dieselloks) gesetzt. Dass man solche „Schwergewichte" nur mit entsprechenden Autokränen bewältigen kann, versteht sich von selbst.

Einen Gasmotor haben wir aus England, einen Benzinmotor aus Holland und einen Junkers-Gegenkolbenmotor aus einem DDR-Verteidigungsbunker. Nun fehlt uns noch ein stationärer Glühkopf-Motor. Aber kommt Zeit – kommt Rat!

Da wir mittlerweile nicht mehr wussten, wohin mit unseren Schleppern, haben wir wieder angebaut. So stehen jetzt ein Hanomag R 324, ein Lanz D 2416 und ein Holder B 10 im Anbau. Zwei Trabant, ein Käfer und ein Opel P4, halb Traktor und halb Auto, warten noch im Schuppen auf ihre Restaurierung.

Und wenn Sie uns fragen, ob Sie uns besuchen können: Wenn Sie nett sind, und wenn wir Zeit haben, gerne! Es gibt keine festen Besuchszeiten und der Eintritt ist frei. Und manchmal fällt für uns dabei auch etwas ab, denn schon mancher Besucher hatte noch was für uns, was er nicht mehr brauchte und uns schenken konnte – vom alten Wandtelefon bis hin zur Music-Box. ■

1960:

Neue Traktorentechnik aus Mannheim

Von Kurt Häfner

In der zweiten Hälfte der fünfziger Jahre sinken die Zulassungszahlen der Lanz-Bulldogs unter die 5 Prozent-Grenze, obwohl es 1950, nur wenige Jahre vorher noch über 12 Prozent sind. Es ist der liegende Einzylinder-Motor, mit dem sich die junge Generation der Kundschaft nicht mehr anfreunden kann, vertraute vielen von ihnen der vorangegangene Krieg doch den stehenden, mehrzylindrigen Reihenmotor an. Und wiederum ein falscher Motor, diesmal auf dem Geräteträger „Alldog", versetzt die Firma in derartige finanzielle Schwierigkeiten, dass es aus eigener Kraft kein Entkommen mehr gibt.

Natürlich trifft es die Firma auch besonders hart, dass die kompletten Ostgebiete als Handelspartner durch den Krieg weggefallen ist, gerade die Gebiete, in denen Lanz über Jahrzehnte vorherrschend war und beste Umsätze einfahren konnte. Egal, ob es sich einst um Dampfmaschinen, um Bulldogs, Dreschmaschinen oder Landmaschinen handelte.

Genauso hart trifft es die Firma aber auch, dass die neue Bulldog- und Motorenentwicklung, noch vor den Kriegsjahren und von keinem geringeren als Dr. Fritz Huber selbst eingeleitet, nach dem Krieg nach Kanada verkauft wird. Dr. Huber erkennt schon damals, dass die einst so bedeutenden Vorteile des Glühkopfmotors durch die fortschreitende Technik und der sich ausbreitenden Infrastruktur immer mehr an Bedeutung verlieren.

Glaubt man den Ausführungen eines ehemaligen „Lanzers", ist der damalige Geschäftsführer der Firma verantwortlich, der als überzeugter Kommunist glaubte, Deutschland würde nach dem verlorenen Krieg wieder zum reinen Agrarland umfunktioniert

Kommen, sehen, staunen! Einladungen zu verschiedenen Feldtagen, um die neue Technik aus Mannheim kennezulernen.

Eine Brücke schafft Verbindungen. Hier war John Deere die richtige Brücke, um sicher aus der Vergangenheit in die Zukunft zu fahren.

und benötige deshalb den robusten und in der Technik recht einfachen Bulldog.
So steht Lanz nach dem Krieg mit leeren Händen da, als die Wirtschaft sich wieder zu erholen beginnt und schlepperbauende Firmen aufgrund politischer Weichenstellung wie Pilze aus dem Boden schießen.
In keiner Zeit vor und auch nicht nach den fünfziger Jahren finden wir in der Bundesrepublik Deutschland jemals so viele Firmen, Unternehmen, ja sogar Handwerker und Schmiedebetriebe, die sich mit dem Schlepperbau beschäftigen. Entsprechend groß ist natürlich auch der Wettbewerb, der mit einem gesunden Maß an Nüchternheit und Realität viele Firmen bald wieder vom Markt verschwinden lässt.
Lanz wartete in den Jahren von 1952 bis 1955 nochmals mit völlig neu konstruierten, zeitgemäßen Schleppern und Motoren auf, die, wie in der Oktoberausgabe Nr. 6 von 1996 dieser Schriftenreihe zu erfahren ist, trotz der Anlehnung an den langsam laufenden Glühkopfmotor, im Vergleich mit führenden Wettbewerbern in Verbrauch von Kraft- und Schmierstoffen, in der Einfachheit und Langlebigkeit, und in der Kraftabgabe, überlegen an erster Stelle stehen. Und obwohl es eine beachtliche Restkundschaft gibt, die diese Vorteile durchaus erkennt und schätzt, so sind es insgesamt zu wenige Kunden, um auf Dauer einer wirtschaftlich gesicherte Zukunft entgegen gehen zu können.

Ob ein Produkt gut wird, darüber entscheidet der Konstrukteur, ob ein Produkt gekauft wird, darüber entscheidet der Kunde!

Diese Umstände führten schließlich zum Verkauf der Firma – zeitgleich – als der amerikanische Landmaschinenhersteller John Deere in Europa auf der Suche nach neuen Vertriebswegen ist.
Im Nachhinein betrachtet ist es ein großes Glück sowohl für Mannheim als auch für den Standort Deutschland, dass Lanz von der Firma John Deere in der Gesamtheit übernommen wurde. Denn für Deutschlands größten Schlepperhersteller und Europas größten Landmaschinenhersteller gibt es wenige Möglichkeiten einer Übernahme. Die Alternative wäre nur eine Zerstückelung und Aufteilung in mehrere kleinere Unternehmen oder die Übernahme eines artfremden Unternehmens gewesen, womit wiederum das ganze Know-how jahrzehntelangen Schlepperbauens auf der Strecke geblieben wäre.
Bereits 1956, zum 1. Oktober, kann John Deere die Aktienmehrheit des Mannheimer Schlepperwerks

übernehmen. Die Kundschaft merkt davon allerdings noch recht wenig. Die vordergründigsten Änderungen finden zunächst innerhalb der Betriebshallen statt. Es wird rationalisiert, die Betriebswege wirtschaftlich gestaltet, umorganisiert und amerikanisiert. Dies bringt in der Übergangszeit recht viel Unruhe in die Reihe der Mitarbeiter und hat auch zur Folge, dass eine überdurchschnittliche Fluchtuation einsetzt, die ein weitgehendes Gesundschrumpfen des Betriebs möglich macht.
Nach außen sichtbar werden die John Deere-Aktivitäten für die Kundschaft ab dem 1. September des Jahres 1958. Es ist der erste Arbeitstag nach dem Betriebsurlaub, und ab diesem Tag verlassen grüne Bulldogs mit gelben Felgen die Fabrik. Die Zeit des Betriebsurlaubs wird genutzt, um auf diese zu diesem Zeitpunkt bei uns noch recht wenig bekannte John Deere-Farbgebung umzustellen.

In aller Stille: neue Traktoren werden entwickelt

Gleichzeitig sagt man sich von der Bezeichnung „Bulldog“ los, einem Begriff, der nicht mehr in die neue Zeit zu passen scheint. Lanz-Diesel sind es nun, die nicht nur verkauft, sondern auch auf neuen Prospekten beworben werden.
Hinter den Fassaden aber wird fieberhaft an komplett neuen, modernen und formschönen Traktoren gearbeitet, die bald die Bulldog-Technik gänzlich ablösen werden. Noch ist alles höchst geheim für die Öffentlichkeit, und doch gelangen Prototypen nicht nur in die heißen Länder Europas, auch auf gebirgige Höhen, und in den unterschiedlichsten Einsatzgebieten Amerikas werden diese neuen Traktoren schon im Vorfeld auf „Herz und Nieren“ geprüft und getestet. Teilweise werden sie dazu mit veränderten Motorhauben und Blechverkleidungen ausgerüstet, um ja kein Aufsehen in der Öffentlichkeit zu erregen.
Bevor es zur ersten öffentlichen Vorstellung kommt, ändert das Mannheimer Schlepperwerk noch den Namen: ab dem 1. Januar 1960 wird unter „John Deere-Lanz“ firmiert. Man wagt nun den Schritt, den amerikanischen Namen auf das deutsche Produkt zu setzen.
Dazu muss man wissen, das es noch um 1960 nicht einfach ist, bei uns in Deutschland mit ausländischen Produkten, vor allem Fahrzeugen, bei der Kundschaft anzukommen.
Die erste öffentliche Vorstellung erfolgt am 28. und 29. April im Mannheimer Rosengarten. Es ist eine regionale Vorstellung, um nicht nur den Mitarbeitern Gelegenheit zu geben, sich über das neue, hauseigene Produkt genauestens zu informieren, das bisher auch werksintern unter größter Geheimhaltung gebaut wird.
Neben den Mitarbeitern und ihren Angehörigen hat aber auch die Mannheimer Bevölkerung die Möglichkeit, sich über das Tun im Hause John Deere-Lanz zu informieren und zu erfahren, dass neue Wege in die Zukunft führen.

Ein John Deere Typ 300 im harten Einsatz mit einem Schlegelfeldhäcksler.

Die große Vorstellung aber findet auf der 46. Wanderausstellung der DLG in Köln statt, die fast eine halbe Million Besucher verzeichnen darf.
Und hier erfahren die neuen Traktoren aus dem Mannheimer Werk nun die Beachtung unter der Kundschaft und unter den Mitbewerbern, die man sich gewünscht hat, die man sich aber auch hart erarbeitet hat.

Allein schon ihr Aussehen fällt auf: es ist nicht einfach zeitgemäß, es ist formschön, modern und richtungweisend. Dies ist unschwer an den Gesichtern der Besucher, den Äußerungen und ihren Reaktionen zu erkennen, die an allen Messetagen den Stand belagern. So ist es auch in fachjournalistischen Abhandlungen und Veröffentlichungen nach der Messe zu lesen. Auch die Mitbewerber, und hier vor allem die Großen, sie müssen erkennen: mit dieser Firma ist wieder zu rechnen.

Schlepper mit Zukunft

Vorgestellt hat man die neuen Schlepper unter dem Motto: „Schlepper mit Zukunft". Und wie recht sollte man damit haben, denn was hier 1960 beginnt, wird zum Ausklang des 20. Jahrhunderts an erster Stelle im deutschen Traktorenbau stehen.
Es ist eben nicht nur das flotte Aussehen, das die Kundschaft anzieht, sondern auch oder vor allem die Technik.
Hier findet sich als die wohl herausragendste Neuerung die Vierstufen-Regelhydraulik, die mit die größte Erleichterung für den bäuerlichen Alltag darstellt. Nicht nur, dass sie mit den verschiedenen Regelstufen alle Arbeiten aufs Optimalste bewältigen kann, sie ist erstmals bei einem deutschen Traktor serienmäßig eingebaut! Damit ist sie natürlich preislich wesentlich günstiger, als wenn sie später gegen Aufpreis zugekauft werden muss.
Die Bedienung erfolgt über ein Einhebelsystem, rechts vom Fahrersitz zu finden und bequem zu erreichen, und sie ist kupplungsunabhängig zu bedienen.
Neu ist auch das Getriebe, das, man höre und staune, noch immer auf der Lanz-Konstruktion aus dem

Diese Bilder geben Einblicke in die Montage und Endmontage, bis der neuentstandene Schlepper das Montageband aus eigener Kraft verlassen hat.

Jahr 1930 beruht, aber doch wesentlich modernisiert wurde. Zehn Vorwärts- und drei Rückwärtsgänge, in drei Schaltgruppen zusammengefasst, stehen nun zur Verfügung. Ihre Überschneidung ist dabei so gut ausgelegt, dass alle Arbeiten immer im günstigsten Drehmomentbereich des Motors stattfinden können.
Die überwiegende Zahl der Mitbewerber bot 1960 in ihren Schleppern noch Getriebe mit sechs Vorwärtsgängen und einem Rückwärtsgang. War die Auswahl doch einmal größer, so waren es acht Vorwärtsgänge und zwei Rückwärtsgänge.
Ein großer Vorteil auch die direkte Durchschaltung von vorwärts auf rückwärts und umgekehrt, wie es z.B. bei Frontlader- oder Rangierarbeiten von großem Nutzen ist.
Zusätzlich bietet das Getriebe drei Zapfwellen. Zwei Zapfwellen mit Drehzahlen von 540 und 1000 U/min nach hinten, die dritte nach vorne, schaltbar als Getriebe- oder Wegzapfwelle. Auch sie zählen zur Serienausstattung und sind im Grundpreis enthalten.

Moderner Motor mit „Büffelcharakteristik"

Eine besondere, vor allem der Sicherheit dienende Neuheit sind die Doppelscheiben-Bremsen, staub- und wasserdicht gelagert und gekapselt, und hydraulisch zu betätigen. Ein Fahrkomfort wie in einem modernen Automobil.
Auch der Motor hat nichts mehr mit der Vergangenheit gemeinsam. Es ist ein bewusst einfacher, für den wechselvollen Einsatz in der Landwirtschaft entwickelter Kurzhubmotor, ein wassergekühlter Vierzylinder, im Viertakt arbeitender Reihenmotor mit Wirbelkammern und elektrischer Vorglüheinrichtung. Besonders angenehm beim Arbeiten erweist sich seine „Büffelcharakteristik". Ein Verhalten, das bei sinkender Drehzahl eine Leistungssteigerung bewirkt.

Viele Verbesserungen bedeuten Erleichterung für den Fahrer: bequemer Fahrerstand mit Aufstieg vor dem Hinterrad, übersichtliches Armaturenbrett, neuer Dieselmotor, leicht bedienbarer Kraftheber mit Regelhydraulik, modernes Getriebe mit kurzen, leicht schaltbaren Schalthebeln und mehrere Zapfwellen.

Alt und über jahrzehnte bewährt, doch 1960 nicht mehr aktuell, die Bulldogtechnik: liegender Einzylindermotor, Stirnradgetriebe, hydr. Kraftheber nur auf Wunsch, sowie ein Aufstieg von hinten über die Ackerschiene.

Der komplette Motor ist nun nicht mehr mit dem Getriebe verflanscht, sondern in Gummi gelagert. Er hat damit also keine direkte Verbindung mehr mit dem Schlepper, womit der wesentliche Teil des Körperschalls nicht mehr übertragen werden kann. Also ein angenehmeres Fahren.
Aufgestiegen wird nun vor dem Hinterrad, eine sehr bequeme Sache. Kein Übersteigen mehr über die Ackerschiene und evtl. daran angebauten Geräten, was besonders bei nassem Wetter schnell zur Gefahr werden kann. Und hat man erst auf dem weich gepolsterten Fahrersitz Platz genommen, so bietet sich dem Fahrer ein angenehmer und übersichtlicher Arbeitsplatz.

Viele kleine Verbesserungen: Die Erleichterung im Detail

Neue Finessen kennzeichnen auch hier die Abkehr von der Bulldogtechnik: sei es das übersichtlich gestaltete Armaturenbrett mit eingebautem Traktometer, das modern geformte Topflenkrad, der funktionelle Handgashebel, die leicht und in kurzen Wegen schaltbaren Schalthebel oder die volldeckende Bodenplatte, alles dient der Bequemlichkeit des Fahrers.

Natürlich sind es noch eine ganze Menge verbesserter Dinge, wie z.B. das zur Seite schwenkbare Zugmaul, der nach oben arretierbare Oberlenker, die mit wenigen Handgriffen zur drehbar oder feststehend umgebaute Ackerschiene, oder der mit nur zwei Bolzen abnehmbare Messerbalken, die das tägliche Arbeiten des Bauern wesentlich erleichtern. Die neuen Traktoren sind so perfekt verkleidet und verarbeitet, dass weder aus der Sicht vom Fahrerplatz, noch wenn man neben dem Fahrzeug steht, die neue Bauweise als Halbrahmen-Technik sichtbar wird.
Unter einer Halbrahmen-Technik muss man sich eine Bauweise vorstellen, deren Aufbau nach hinten der üblichen Blockbauweise entspricht, nach vorne aber in eine stabile Rahmenbauweise übergeht. Nur so ist es möglich, den Motor gummigelagert aufzubauen.
Zur Auswahl stehen zunächst zwei Varianten als Typen „300" und „500", die mit 28 und 36 PS Leistung in einer mittleren Hofgröße anzusiedeln sind. Der Leistungsunterschied wiederum liegt in der Drehzahl des im Baukasten gefertigten Motor. So sind 2000 U/min für 28 PS notwendig, wogegen der stärkere Motor 2400 U/min leistet. Auch die Traktoren selbst weisen recht wenige Unterschiede

Dagegen die neue Traktorentechnik: moderner Kurzhubdiesel, leicht schaltbares 10-Gang-Getriebe, serienmäßige Regelhydraulik, sowie ein bequemer Aufstieg vor dem Hinterrad.

Der große Fortschritt besonders beim Pflügen: die Regelhydraulik.

auf, die beispielsweise in einem größeren Tank, einem verstellbaren und bequemeren Fahrersitz und einem etwas größeren Eigengewicht beim leistungsstärkeren Schlepper zu finden sind.

Wiederum verschieden und der künftigen Verwendung angepasst werden kann die Ausführung bei der Bestellung berücksichtigt werden. So wird der Typ 300 in den Ausführungen „A“, „B“ und „C“ geliefert, deren Unterschiede hauptsächlich in der Bereifung liegen. Der Typ 500 wiederum wird nur in „A“ und „B“ geliefert, da die „C“-Variante bereits in der „A“-Variante enthalten ist. Und verborgen unter diesen Varianten ist der „Standardschlepper“, der „Hackfruchtschlepper“ oder der spezielle „Frontladerschlepper“.

Auf die Waage bringen die neuen Schlepper je nach Ausführung und Bereifung zwischen 1750 und 1830 kg. Der Bulldog mit 28 PS, ebenfalls von 1960, setzt hier 1620 kg entgegen.

Zu bekommen ist die neue Traktorentechnik ab 11 400 Mark beim Typ 300, und ab 13 400 Mark beim Typ 500. Der 28-PS-Bulldog ist schon ab 10 500 Mark zu haben (die letzten werden noch verkauft), wobei es sich hier um freibleibende Preise ab Werk Mannheim handelt. ■

Für wenige Wochen wurden sie paralell gebaut. Dabei war der 28 PS Lanz-Diesel ab 10 500 Mark und der Typ 300 mit 36 PS ab 11 400 Mark zu bekommen.

100 Jahre Wilhelm Mayer:

Aufstieg zum größten deutschen Großhandelspartner für Schlepper und Landmaschinen

Die Geschichte einer Firma

Eine Zusammenstellung anhand von Firmendokumenten durch Joachim Kalb

Die Entwicklung des Familienunternehmens Wilhelm Mayer ist ein Spiegel der Mechanisierung in unserer Landwirtschaft sowie der Umsetzung technischer Konzepte für Aufgabenfelder in der Kommune und der Industrie. Die ständige Bereitschaft, sich an veränderten Kundenwünschen und Anforderungen zu orientieren, war und ist der Schlüssel für eine bis heute erfolgreiche Firmengeschichte. Ein Jahresumsatz von 100 Mio. Mark, erarbeitet von 200 engagierten Mitarbeitern, dokumentiert dies in eindrucksvoller Weise.

Die Geschichte einer Firma ist aber auch die Geschichte ihrer Gründer und derer, die das Werk fortsetzen. So ist die Entwicklung der Firma Wilhelm Mayer ab den 50er Jahren geprägt durch den Sohn des Firmengründers, Willy Mayer (*1915 †1998) und seiner Frau Ursula, geb. Wunder.

Stand bis zum Zweiten Weltkrieg die Produktion und Entwicklung neuer Maschinen im Vordergrund, so galt es ab der Währungsreform, den wachsenden Bedarf nach Schleppern und Landmaschinen durch einen groß angelegten Handel sicherzustellen. Diese Aufgabe macht sich Willy Mayer nach Rückkehr aus der Gefangenschaft zu eigen: Zahlreiche Verbindungen zu namhaften Landmaschinenproduzenten in Süddeutschland, Deutschland und bald auch im Ausland werden geknüpft. Markennamen wie Allgaier, Bautz, Güldner, Eicher, Lanz, Lanz-Aulendorf, Mengele, Eberhardt, aber bald auch verstärkt McCormick, prägen das Erscheinungsbild der Firma.

Es ist die Zeit immer neuer Maschinen und Arbeitsverfahren in der Landwirtschaft, und es ist erforderlich, dass das Verkaufsprogramm ständig erweitert wird. Das Jahr 1954 bringt für Wilhelm Mayer die Übernahme der Unimog-Generalvertretung der Firma Daimler-Benz und, damit verbunden, eine wesentliche Bereicherung des Verkaufsprogramms für neue Kundenkreise.

Hans Ackermann, von 1949 bis 1986 als kaufmännischer Angestellter bei der Firma tätig, erinnert sich:

Der Firmengründer zusammen mit Sohn Willy Mayer und Tochter Anne Gerstlauer – lange Jahre eine unentbehrliche Mitarbeiterin im Familienbetrieb – im Kreise der Belegschaft.

Roßmarkt im Oktober 1948 in Ulm auf dem Münsterplatz mit erstmals angegliederter Landmaschinenausstellung. Hier ein Blick auf den Mayer'schen Stand. In wenigen Stunden konnten für rund 250 000 Mark Maschinen und Schlepper verkauft werden.

„Die Firma nahm nach der Währungsreform und den Jahren danach einen ungeahnten Aufschwung. Das Pferd, das Jahrhunderte lang als Zugkraft diente, hatte plötzlich ausgedient und der Schlepper trat an seine Stelle. Unser Chef, Herr Mayer, sah diese Entwicklung voraus und sicherte sich entsprechende Vertretungen der führenden Schlepper- und Landmaschinenfabrikate.
Hatte sich ein Landwirt erst einen Schlepper angeschafft, so war es damit noch lange nicht getan. Zum Schlepper kam das Mähwerk, der Pflug, die Egge. War die Erntezeit gekommen, waren Bindemäher, Dreschmaschinen oder Mähdrescher notwendig. Eine ähnliche Entwicklung spielte sich auf dem Heuerntemaschinen-Sektor ab. Jetzt gab es nicht mehr nur die Heugabel, sondern Graszetter und Heuwender.
Die Hof- und Stallwirtschaft nahm eine ähnliche Entwicklung. Früher war das Melken per Hand eine schwere Arbeit und das morgens und abends, jetzt war die Erfindung der Melkmaschine die große Erleichterung."

Eine stürmische Entwicklung

Im Stammhaus Neu-Ulm bahnt sich unterdessen eine stürmische Entwicklung an: Innerhalb weniger Jahre werden neue Hallen errichtet und ein gut bestücktes, an den gewachsenen Ansprüchen orientiertes Ersatzteillager erstellt. Mit Unterstützung der Stadt Neu-Ulm kann das Betriebsgelände um nahezu 20 000 m² erweitert werden.

Bei der Eröffnungsausstellung der neuen Schlepper- und Landmaschinenhallen werden über 20 000 Besucher gezählt.
Um die Vorteile einer groß angelegten Lagerhaltung und, damit zusammenhängend, eines günstigen Einkaufs optimal zu nutzen, wird der Aktionsradius der Firma schon bald erweitert. Die Gründung der Filialen in Ostrach im Jahre 1959 und Goldshöfe im Jahr 1960 sowie einige Jahre später in Gottenheim am Kaiserstuhl, legen den Grundstein zur Entwicklung des Großhandelsbetriebes mit zeitweise über 300 Mitarbeitern, der vielfach als größtes Großhan-

19. April 1950: der 100. Allgaier-Schlepper wird an die Firma ausgeliefert. Insgesamt konnten in nur 2½ Jahren rund 450 Schlepper verkauft werden.

delshaus der Branche in Deutschland und als einer der drei größten in Europa bezeichnet wird.
Seit der Währungsreform konnten durch die Firma Wilhelm Mayer tausende von Schleppern und weit über 100 000 Landmaschinen und Geräte ausgeliefert werden.
Dies war nur möglich, weil neben einer groß angelegten Ersatzteilhaltung die Unterstützung der Landwirte und Händler durch fachgerecht geschulte Monteure mit gut bestückten Kundendienstwagen sichergestellt war.
War es das Firmenziel bis hinein in die 60er Jahre, möglichst viele erstklassige Fabrikate an den Großhandel Wilhelm Mayer zu binden, so wurde 1967 ein folgenschwerer Entschluss gefasst: Viele Landmaschinen, insbesondere die Schlepper, sind mittlerweile in der Technik anspruchsvoller, und es war erforderlich, das Angebot auf weniger Fabrikate zu beschränken, um Verkäufer und Monteure umfassend schulen zu können und vor allen Dingen den guten Ruf der Firma zu erhalten.
Entscheidungen, die für die weitere Entwicklung der Firma von größter Bedeutung sind, stehen an.
Jahre später erinnert sich Willy Mayer an diese denkwürdigen Tage:
„Die Würfel sind seinerzeit während der DLG-Ausstellung in Frankfurt gefallen. Es gab einige schlaflose Nächte, und dann stand fest, dass unsere Firma nur mit der Exklusivität eine Zukunft hat. Außer Frage stand auch: Wenn eine Exklusivität, dann nur zusammen mit der IHC. Die fachlichen, insbesondere aber auch die persönlichen Bindungen zur IHC konnten nicht idealer sein."

Die Zukunft der Firma: Eine Exklusivität mit der IHC

Im November 1967 war es dann soweit: In einer denkwürdigen Tagung mit der gesamten Unternehmensspitze der IHC, wurde die Exklusivität bekanntgegeben. Doch wie würde die Verkaufsmannschaft auf diesen Entschluss reagieren? Wie würden die Außendienstler die Nachricht aufnehmen, die bisher sechs verschiedene Schlepperfabrikate verkaufen konnten und praktisch unschlagbar waren?
„Wir alle werden dieses positive Echo über die enge Verflechtung mit der International Harvester Company nicht vergessen. Sämtliche Mitarbeiter des Innen- und Außendienstes gaben ihr Ja und begannen, die exklusive Zusammenarbeit auszubauen."
Der damalige Entschluss auf dem Schleppersektor erweist sich für die Firma Wilhelm Mayer als Meilenstein für eine eindrucksvolle Erfolgsbilanz. Die Zusammenarbeit mit IHC, später Case IH, hat entgegen allen Befürchtungen zu einer Stärkung der

Frühjahrsausstellung im Mai 1958 in Neu-Ulm: Dutzende Schlepper und Landmaschinen sind fein säuberlich zur Besichtigung auf dem Mayer'schen Gelände aufgereiht. Anläßlich dieser Ausstellung wird der 5000ste verkaufte Schlepper – ein HELA mit 15 PS (Bild links) – ausgeliefert.

Geschäftsverbindung zum örtlichen Handel beigetragen. Gemeinsam konnten in manchen Jahren im südwestdeutschen Verkaufsgebiet über 1 500 IHC-Schlepper vermarktet werden.
Ab 1979 kommt Gerhard Mayer (*1952) nach Ende des Studiums in die Firma, die er ab 1981 als geschäftsführender Gesellschafter in dritter Generation in enger Zusammenarbeit mit dem Vater leitet. Willy Mayer bleibt bis zu seinem 70. Geburtstag als Geschäftsführer aktiv, aber auch danach der Firma noch eng verbunden.

Bis Dezember '83: über 40 000 verkaufte Schlepper

Am 13. Dezember 1983 wird der 20 000ste IHC-Schlepper an die Firma Wilhelm Mayer übergeben. Insgesamt aber konnte die Firma Wilhelm Mayer bis dahin über 40 000 Schlepper verkaufen.
Die 90er Jahre bringen eine Fortsetzung der Verkaufserfolge:
Im Jahre der 25-jährigen Exklusivitätszusammenarbeit mit Case IH wird der 25 000ste Case-IH-Schlepper ausgeliefert. Diese Zahl entspricht in etwa der zu diesem Zeitpunkt in Deutschland pro Jahr verkauften Traktoren.
Aber wieder ändern sich die Rahmenbedingungen der Landwirtschaft und schwerwiegende Entschei-

Bereits 1954 wird die Unimog-Generalvertretung übernommen. Unten die Unimog-Reparaturhalle in den späten 50er Jahren.

Dieses Bild erlaubt einen Blick in eine der Ausstellungshallen Mitte der fünfziger Jahre auf dem nahezu 20 000 m² großen Betriebsgelände.

Wiederum ein Blick in eine der Ausstellungshallen in den ausgehenden sechzigerer Jahren: Die Schlepper und Maschinen haben sich verändert, sind moderner geworden. Dreschmaschinen sind gänzlich verschwunden.

Ein weiteres Bild aus den späten sechziger Jahren: Der rollende Kundendienst der Firma Mayer, schlagkräftig und flexibel. Denn schnelle Hilfe in der Saison schafft Vertrauen.

Der Exklusivvertrag mit IH verändert das Bild der Traktoren wiederum. Jetzt sind nur noch IH-Schlepper auf den Ausstellungen zu finden, von denen in manchen Jahren bis zu 1 500 Stück verkauft werden können.

dungen müssen getroffen werden: In dieser Periode entschließt sich die Geschäftsleitung der Firma Wilhelm Mayer, auch auf dem Mähdrescher-Sektor zukünftig ausschließlich das Programm von Case IH, den weltweit erfolgreichen Axialfluss-Mähdrescher zu vertreiben.
Auch diese Entscheidung fällt nicht leicht, muss doch die Verbindung zu einem namhaften deutschen Landmaschinenproduzenten, der außer Mähdrescher auch Pressen und Futtererntemaschinen im Programm hat, eingestellt werden. Jetzt gilt es, diese Lücken im Verkaufsprogramm zu schließen.

Flexible Lieferanten ermöglichen ständig aktuelles Angebot

Und diese Lücken werden geschlossen: Mit Krone – in Teilbereichen auch Niemeyer – hat die Firma Wilhelm Mayer seit längeren Jahren äußerst leistungsfähige und flexible Lieferanten von Pressen, Futtererntemaschinen und Ladewagen, die ihr Verkaufsprogramm ständig anpassen und erweitern.
Krone wird in den folgenden Jahren, beschleunigt durch den Niedergang von Mengele, zum wichtigsten Geschäftspartner der Firma Wilhelm Mayer, nach Case IH und Unimog.
Im tiefgründigen Strukturwandel der Landmaschinenindustrie zum Ende des Jahrhunderts, verschwinden zahlreiche klangvolle Namen des Schlepper- und Landmaschinenbaus oder werden nur noch als Markennamen für einzelne Produktlinien im Programm eines internationalen Konzerns geführt.
So heißt es auch für die Firma Wilhelm Mayer immer wieder, neben der Fortführung der bewährten Geschäftsverbindungen neue aufzubauen. Namen wie Brantner, ALÖ und Vogel & Noot beispielsweise, stehen heute als führende europäische Produzenten für Kipper, Frontlader oder Bodenbearbeitungsgeräte mit leistungsfähigen Produkten im Verkaufsprogramm der Firma Wilhelm Mayer zur Auswahl.

Glücksgriff für W. Mayer: Case IH übernimmt Steyr

Von größter Bedeutung ist aber seit 1995 die Verbindung zu Steyr. Auf Bitten der süddeutschen Händlerschaft und nach guten Verkaufserfolgen mit dem Steyr-Schlepper in Case IH-Aufmachung, entschließt sich Case, den österreichischen Schlepperproduzenten zu kaufen.
Für die Firma Wilhelm Mayer wieder ein Glücksgriff; deckt doch das Steyr-Programm insbesondere die Ansprüche der süddeutschen Landwirte optimal ab.

Januar '92: Im 25. Jahr der Exklusivrechte mit IH kann der 25 000. Case-Traktor an die Firma übergeben werden. In der Mitte der Geschäftsführer Gerhard Mayer zusammen mit seiner Mutter.

Nicht nur das Lieferprogramm wird mit den 90er Jahren erweitert, auch die Betreuungsgebiete für die Generalvertretungen von Wilhelm Mayer wachsen: Das gilt in kleinerem Maße für das Vertragsgebiet von Case IH, das auf zusätzliche Gebiete in Nord-Württemberg ausgedehnt wird.

Unimog-Generalvertretung wird zur selbstständigen Firma

Markanter ist der Zuwachs des Unimog-Generalvertretungsgebietes. Die Unimog-Generalvertretung ist zwischenzeitlich in eine rechtlich selbständige Firma, die Wilhelm Mayer GmbH & Co. Nutzfahrzeuge,

Die neunziger Jahre bringen für die Firma wiederum eine Exklusivität, diesmal für die erfolgreichen, weltweit vertriebenen Axialflussmähdrescher von Case IH.

Generationswechsel in der Firma: Bereits 1979 kommt Gerhard Mayer in die Firma, die er ab 1981 als geschäftsführender Gesellschafter in enger Zusammenarbeit mit dem Vater leitet. Zeitlebens bleibt Willi Mayer (rechts) der Firma eng verbunden.

Wir vom Verlag, sowie das komplette SR-Team, nehmen diesen Artikel zum Anlaß, der Firma Wilhelm Mayer zu diesem besonderen Erfolg aufs herzlichste zu gratulieren. Und wir wünschen der Firma und ihren Mitarbeitern auch weiterhin beste Erfolge, die richtigen Zukunftsvisionen, sowie ein partnerschaftliches und vertrauensvolles Verhältnis zu ihrer Kundschaft.

umgewandelt worden. Neben dem Unimog, und längeren Jahren dem MB trac, hat sich die Firma auf den Vertrieb und Service von Gabelstaplern führender internationaler Marken spezialisiert.

1995 kann das Generalvertretungsgebiet der Firma Wilhelm Mayer auf ganz Bayerisch-Schwaben und darüber hinaus ausgedehnt werden.

Um diese neuen Gebiete fachgerecht bearbeiten zu können, wird im April 1995 in Gersthofen bei Augsburg – unter Beisein maßgeblicher Vertreter aus Industrie und Wirtschaft – ein großzügiges Unimog-Service-Zentrum eröffnet.

Dass es bei der Eröffnung nicht nur „tierisch ernst" zuging, mögen nachstehende Zeilen bekunden:

„Zur offiziellen Einweihung seines neuen Betriebes „Service 2000" in Gersthofen hat der Neu-Ulmer Unimog-Generalvertreter Wilhelm Mayer sogar ein Zirkuszelt aufbauen lassen. Die Überraschung bei den Gästen war nicht zu übersehen: Während sie sich die neue Werkstattanlage samt Ersatzteillager anschauten – spazierte ein großer Elefant zwischen den Fahrzeugen auf dem Hof herum."

Mit der Eröffnung des Betriebes in Gersthofen ist ein weiterer Baustein in der langen Kette erfolgreicher Partnerschaften mit Lieferanten und Kunden gelegt. Als Zeichen für die gute Zusammenarbeit mag gelten, dass bis zum 100-jährigen Jubiläum die Zahl der von der Firma Wilhelm Mayer verkauften Schlepper auf 50 000 angewachsen sein wird.

Ein Erfolg zwischen Kunden und Handelspartnern, der seinesgleichen sucht.

Mit Wilhelm Mayer ins nächste Jahrtausend

Mit Wilhelm Mayer ins nächste Jahrtausend, einerseits Anspruch und Zielvorstellung, und andererseits ein Angebot an die landwirtschaftlichen Betriebe. Gleichzeitig skizziert der Leitspruch eine gigantische Aufgabenstellung, denn es ist davon auszugehen, dass sich die Ansprüche und die Nachfrage, insbesondere der professionell arbeitenden landwirtschaftlichen Betriebe, gravierend ändern wird. Im gleichen Maße muss sich das Leistungsangebot der Landmaschinenindustrie und des Handels wandeln. Dieser Aufgabe gerecht zu werden, hat Gerhard Mayer seinen verantwortlichen Mitarbeitern als mittel- und langfristige Aufgabe übertragen, als Strategie zur Umsetzung der Unternehmensphilosophie und der Unternehmensleitlinien.

Gründliche Personalrekrutierung, Aus- und Weiterbildung sowie permanente Schulungsmaßnahmen, schaffen die Voraussetzungen für langfristiges Vertrauen. Die erwiesene Kompetenz in allen Belangen sieht die Firma Wilhelm Mayer als Voraussetzung zur Erlangung einer langfristigen Kundenbindung und einer hohen Kundenzufriedenheit. ■

Mit Wilhelm Mayer ins nächste Jahrtausend: Ein ganzheitliches Kunden-Service-Konzept zu bieten, hat die Firma zum größten deutschen Landtechnik-Handelsbetrieb werden lassen. Diese Kompetenz trotz fortschreitendem Strukturwandel zu erhalten, ist vorrangigstes Ziel. Dazu zählen Feldtage, um der Kundschaft modernste Technik näherzubringen. Genauso wichtig ist aber auch eine angemessene Lagerhaltung, um Ersatzteile schnell zur Verfügung zu stellen, die dann von fachkundigem Personal eingebaut werden. Dies wiederum erfordert ständige Schulung und Weiterbildung des Personals und der Mitarbeiter, damit auch in Zukunft eine qualifizierte Beratung und Betreuung garantiert werden kann.

Die Futterernte im Wandel der Zeit

Erster Teil

Die Mechanisierung des Grasschnitts

Von Rainer Bank

Bevor die Mechanisierung der Futterernte gegen Ende des 19. Jahrhunderts in mitteleuropäischen Breiten einsetzte, war die Gewinnung von Frischfutter für das Milchvieh oder die Futterwerbung für den Wintervorrat körperliche Schwerstarbeit.
Der Arbeitstag des Bauern begann im Sommer schon vor Einbruch der Morgendämmerung, wenn das Gras für das Viehfutter vom nächtlichen Tau noch recht feucht war, und so die mühselige Mahd mit der Sense viel leichter und exakter von der Hand ging, als wenn das Gras bereits abgetrocknet war.

Auch bei der Heuernte musste ähnlich verfahren werden. Noch vor Tagesanbruch wurde mit dem Futterschnitt mit der Sense begonnen; ein guter Mäher schaffte es, unter günstigen Voraussetzungen bis zu 0,5 Hektar Wiese pro Tag zu mähen. Verständlich ist aufgrund dieser geringen Flächenleistung, dass die Bauern oft in einer Regenwetterperiode mit der Heumahd begannen, um die danach einsetzenden Schönwettertage vollständige für das Trocknen und das Einfahren des Futters nutzen zu können. Bei schlechtem Wetter war die Mäharbeit auch nicht so schweißtreibend, der Mäher leistete mehr und die Plage durch Stechmücken und Bremsen hielt sich in Grenzen.

Bild oben:
Solche und ähnliche Bilder zeugen über Jahrhunderte von der schweißtreibenden Arbeit, wenn es um die Grünfuttergewinnung in unserer Landwirtschaft ging.

Mit freundlicher Genehmigung aus dem Buch „Landwirtschaft in Schleswig-Holstein" von Horst Schübeler entnommen.

Da war es schon eine wesentliche Erleichterung, mit dieser „combinirten Mäh-Maschine für Getreide, Gras und Klee" von Johnston aus Amerika zu arbeiten, die in der zweiten Hälfte des 19. Jahrhunderts auch nach Deutschland importiert wurde.

War die erste Maschine einmal entstanden, ließ sich der Fortschritt nicht mehr aufhalten, wie die nächsten Bilder dokumentieren. Die Maschinen wurden kleiner, handlicher und leichter, und waren bald wahlweise für ein oder zwei Zugtiere zu bekommen.

Eine enorme Erleichterung der Mäharbeit kam ab den 60er Jahren des 19. Jahrhunderts aus der „Neuen Welt“ zu uns nach Europa herüber.
Cyrus Mc Cormick (1809–1864) hatte mit der Erfindung des Getreidemähers im Jahre 1839 die Mechanisierung des Getreideschnitts eingeleitet. Ähnlich dem Getreidemäher, baute Walther A. Wood in den USA im Jahre 1859 den ersten Gespanngrasmäher.
In den Anfangsjahren wurde diese neue Erfindung vollständig von Amerika nach Deutschland importiert, bis der Grasmäherbau von Firmen wie Bautz, Fahr, Fella und Wery (Wery wurde 1916 von der Heinrich Lanz AG, Mannheim übernommen) auch hierzulande aufgenommen wurde.
Das profilierte Gussmetallrad des einachsigen Grasmähers setzte über den Bodenantrieb eine Kurbelwelle und Kurbelstange in Bewegung und trieb so das Schneidmesser mit ca. 600–700 Hüben/min an.
Das Getriebe des Grasmähers war meist großzügig dimensioniert und über Kugellager, im Vollölbad laufend, gelagert.
Der Schnitt erfolgte mit einer durch den Kurbelwellenantrieb sich hin und her bewegenden Leiste, auf der dreiecksförmige Mähklingen aufgenietet waren, welche die Grashalme gegen starr montierte Mähfinger drückten und abschnitten. Dieses Schneide-

Wer sich einen Schlepper leisten konnte, hatte es noch leichter mit einer über die Zapfwelle angetriebenen Anhängemähmaschine.

Erleichterung gab es auch für die mit dem Gespann arbeitenden Bauern durch die Montage eines Verbrennungsmotors. Hier hatte das Pferd nur noch die Zugkraft für die Maschine zu erbringen, der Mähantrieb erfolgt durch Motorkraft.

prinzip ging auf Oled Hussey zurück, der dieses Prinzip in den 40er Jahren des 19. Jahrhunderts in den USA entwickelt hatte, das bis heute bei Mähdreschern und Feldfutterschneidwerken Verwendung findet.

Eine Normung des Schneidbalkens brachte drei Schnittbalkenformen hervor. Den Mittelschnittbalken mit einem Mähfingerabstand von 57 mm bei 76 mm Messerhub und den Tiefschnittbalken mit einem Fingerabstand von 38 mm bei ebenfalls 76 mm Hub. Diese beiden Schnittbalkenformen garantierten einen exakten Schnitt. Aufgrund der geringeren Empfindlichkeit gegen Steine und Maulwurfshaufen setzte sich jedoch der Normalschnittbalken mit einem Mähfingerabstand von 76 mm bei 76 mm Hub, trotz seiner geringeren Exaktheit beim Futterschnitt zu 80 % durch.

Ein Schwadbrett, an den Mähbalken montiert, legte das gemähte Gras auf einen Schwad zusammen, und schuf so Platz zum Mähen der nächsten Schwad. Die Mähschwaden mussten dadurch nicht noch einmal überfahren werden, und es wurde verhindert, dass bereits gemähtes Futter abermals vom Mähbalken erfasst wurde, was unweigerlich zu Verstopfungen führte.

Der Gespanngrasmäher konnte mit Schnittbreiten von 3 1/2 bis 4 1/2 Zoll (1,07–1,37 m) geliefert werden, die Heinrich Lanz AG führte sogar Gespanngrasmäher mit fünf Zoll (1,50 m) Schnittbreite im Fertigungsprogramm.

Mit der Entwicklung des Seitenmähwerks war die Zusammenlegung von zwei Arbeitsgängen möglich geworden: während des Mähens eines Schwades kann schon der Mähschwad davor aufgeschüttelt werden.

Ein Meilenstein in der Mechanisierung des Grasschnitts war die Erfindung des Rotormähers durch den Holländer Piet Zweegers.

Ausschlaggebend für die Schnittbreite des „Messerbalkens" war, ob ein- oder zweispännig gefahren wurde. Wurden auf einem landwirtschaftlichen Betrieb statt der Pferde als Zugtiere Ochsen eingesetzt, so war das Grasmähergetriebe für die langsamere Fortbewegungsart des Rindviehs anders übersetzt, um die nötige Messergeschwindigkeit zu garantieren.
Eine Deichselstütze sorgte dafür, dass die Zugtiere nicht das gesamte Zuggewicht auf den Nacken gedrückt bekamen. Anstatt der serienmäßigen Deichselstütze konnte auch ein Vorderwagen geliefert werden, der sich durch eine verbesserte Wendigkeit beim Rangieren am Vorgewende auszeichnete.
Der Gespanngrasmäher war in seiner Standardausführung rechtsschnittig gefertigt; um besonderen Kundenwünschen gerecht zu werden, waren bei einigen Grasmäherherstellern auch linksschnittige Modelle erhältlich. Ebenso gab es kombinierte Grasmäher, die sich nach dem Anbau diverser Teile wie Ableger auch als Getreidemäher einsetzen ließen.
Bei den Grasmähern jüngeren Datum schaltete der Messerantrieb automatisch beim Anheben des Mähbalkens ab; eine Zugfeder erleichterte das Ausheben des Balkens.
Unter idealen Voraussetzungen war bei zweispänniger Pferdeanspannung ein tägliches Arbeitspensum von 3 bis 4,5 ha Wiesemähen möglich. Begrenzende Leistungsfaktoren waren größtenteils nicht die Grasmäher selbst.
Leistungsmindernd waren oft überständige und vom Dauerregen niedergewalzte Grünlandschläge, die mit dem Grasmäher gemäht werden sollten. Solches Futter schob sich vor dem Mähbalken zu Haufen zusammen; jene Störungen waren nur

Ebenfalls auf einem Patent von Piet Zweegers beruht der Scheibenmäher, der gegenüber dem Trommelmäher leichter und damit hangtauglicher ist. Beide Mähsysteme sind in heutiger Zeit gleichermaßen verbreitet.

durch ein Säubern des Mähbalkens von Hand zu beheben. Maulwurfshaufen und Steine ließen die Mähmesser vorzeitig stumpf werden; Mähklingen wurden lose oder gingen gar verloren. Als Bordwerkzeug waren Hammer, Ersatzmähklingen, Nieten und Nietstock immer mitzuführen, um sich das zeitaufwendige Nachhausefahren bei einem Störfall sparen zu können.
Ein wesentlicher Leistungsfaktor war die Kondition der Zugtiere. In der sommerlichen Hitze musste die Mäharbeit oft abgebrochen werden, wollte man die Zugtiere nicht vorzeitig „verheizen". Da gerade in kleineren Betrieben kein weiterer Bestand an Zugtieren vorhanden war, mussten mit denselben Tieren auch noch andere dringliche Arbeiten verrichtet werden.

Für die Einsätze auf den kollektiven Großbetrieben in der DDR war der Schwadmäher E 301 von Fortschritt konzipiert. Das bekannte Fingermähwerk bewährte sich dort bis zur Wende. Heute jedoch finden die neuen Systeme vermehrt Abnehmer.

Pferde waren in der Regel als Zugtiere folgsamer und geduldiger. Ochsen oder Kühe ließen sich bei zunehmender Hitze und Insektenplage oft nicht mehr dirigieren. Manche „Mähmaschine“ kam so durch einen wild gewordenen Ochsen zu Schaden.

Eine wesentliche Verbesserung der geschilderten Situation war die Einführung des Motorgrasmähers. Ein auf dem Gespanngrasmäher aufgebauter Zweitaktmotor trieb das Mähmesser an. Die Zugtiere wurden nur noch zur Fortbewegung der Mähmaschine benötigt; der kraftraubende Bodenantrieb entfiel. Das Resultat war eine 20 %ige Leistungssteigerung gegenüber dem herkömmlichen Grasmähen.

Ein Relikt aus alter Zeit: Der Nietstock, hier von Fahr, ermöglichte schnelle Selbsthilfe am Fingermesserbalken vor Ort.

Ab den 30er Jahren gab es auch sogenannte Schleppergrasmäher. Anstatt der tierischen Vorspannung wurde der Schleppergrasmäher mit einer Zugöse an das Schlepperzugmaul angehängt. Entsprechend der höheren Zugleistung des Schleppers hatten Schleppergrasmäher Schnittbreiten von 5 Zoll (1,52 m) bis 6 Zoll (1,82 m). Nachteilig war bei dieser Lösung, dass für das Steuern des Schleppers eine zweite Person erforderlich war.

Einen enormen Rationalisierungsschub brachte der Anbau des Mähbalkens direkt an den Schlepper; in der Regel rechtsschnittig vor der Schlepperhinterachse. Eine Ausnahme waren die Glühkopfbulldogs von Lanz ab 20 PS, bei welchen der Mähbalken konstruktionsbedingt auf der linken Schlepperseite angebaut werden musste. Ähnlich wie beim Motorgrasmäher war jetzt endlich die Abhängigkeit der Mähmessergeschwindigkeit von der Geschwindigkeit der Fortbewegung, bedingt durch den bisherigen Bodenantrieb, entfallen. Schwierig zu mähende Grasbestände konnten jetzt mit dem Schlepper auch mit geringer Fahrgeschwindigkeit bei voller Motordrehzahl noch sauber geschnitten werden. Ein Schlepper kennt kein Ermüden. Es war fortan möglich, größere Arbeitseinheiten in einem Tag zu bewältigen; der Zeitaufwand für die Futterernte konnte enorm abgekürzt werden.

Noch eine technische Neuerung war die Erfindung des Doppelmesser-Mähbalkens. Hauptmerkmal des Doppelmesser-Mähwerkes sind die schelllaufenden gegenläufigen Mähmesserschienen, die eine Mähgeschwindigkeit von bis zum 15 km/h ermöglichen. Eine feste Gegenschneide, wie sie bisher die Mähfinger waren, gab es nicht mehr. Um einen störungsfreien Lauf zu garantieren, ist beim Nachschleifen der Mähmesser besonders Sorgfalt nötig und eine spezielle Messerschleifvorrichtung ist zu benutzen. Im falschen Winkel angeschliffene Mähmesser sind nicht zufriedenstellend einsetzbar.

Eine wahre Revolution des Futterschnitts brachte die Erfindung des Rotationsmähwerkes durch den Holländer Piet Zweegers Ende der 50er Jahre.

Dieses Rotationsmähwerk arbeitete zunächst mit vier gegenläufigen Mähtrommeln, die das Mähgut auf einen mittigen Schwad zusammen faßten. Bedingt durch die hohe Rotationsgeschwindigkeit der Mähtrommeln von ca. 3 000 U/min konnte fortan das Gras ohne das Vorhandensein einer Gegenschneide gemäht werden. Komfortabel im Gegensatz zum Mähbalken war das Wechseln der einzelnen Mähklingen mit einem Winkelhebel als Werkzeug. Nachdem beide Schneidkanten abgenutzt waren, konnten die Mähklingen dem Schrott zugeführt werden; ein zeitaufwendiges Nachschleifen der Mähklingen war unwirtschaftlich.

Der sogenannte „Kreiselmäher“ wurde mit schwierigsten Einsatzverhältnissen fertig. Verfilzte und gefallene Grasbestände mähte er mühelos, und mit einer Fahrgeschwindigkeit von bis zu 15 km/h und

Fortsetzung auf Seite 103

Eigentümlich in Erscheinung und Aufbau, die Fella-Kreiselmähwerke der Anfangsjahre. Doch sie verfügten schon über eine manuelle Schnitthöhenverstellung.

1951

Der Krieg ist schon über fünf Jahre vorbei, also Vergangenheit. Wir in Deutschland blicken nach vorne, in die Zukunft. Wir sind bemüht, das Beste aus dem zu machen, was uns die Vergangenheit übrig gelassen hat. Und wir wollen sie schnell vergessen, die Vergangenheit. Die Grundlagen sind geschaffen: Wir haben eine demokratische Republik und eine stabile Währung, die Deutsche Mark. Jetzt kann man wieder so ziemlich all das kaufen, worauf man in den letzten Jahren verzichten mußte. Vor allem beschert uns die Nachkriegszeit durch die großen Kriegsschäden Vollbeschäftigung. So ziemlich jeder hat Arbeit, kann Geld verdienen und auch ausgeben. Es wird vom „Wirtschaftswunder" gesprochen. Auch Urlaub wird wieder großgeschrieben, die ersten fahren bereits ins Ausland; selbstverständlich nach Italien. Gleichzeitig endet die sportliche Isolierung für unser Land und unsere Sportler: Die Teilnahme an den Olympischen Spielen im nächsten Jahr in Oslo und Helsinki ist gesichert und unsere Fußball-Nationalelf tritt ihr erstes Auslandsspiel in der Schweiz an. Wir Deutschen haben uns wieder neue Ziele gesetzt, die es zu erreichen gilt. Die kleinen Ziele, die jeder für sich oder in der Familie erreichen will, oder die großen Ziele, auf kommunaler, auf Landes- oder Bundesebene, für die es zu arbeiten und zu leben lohnt. Kurz gesagt, unser Selbstvertrauen beginnt sich wieder zu festigen.

1951

Ein Blick zurück vor fünfzig Jahren

Das ist 1951

Von Kurt Häfner

Das Jahr 1951! Ist es ein besonderes Jahr? Ist es ein normales oder auch nur ein durchschnittliches Jahr? Lesen Sie und lassen Sie sich überraschen, was es damals alles gegeben hat. Was es Neues gab. Was wir heute noch kennen und was wir längst vergessen haben.

Eine Aufmerksamkeit an alle
Leser von
„Der Schlepper im Rückblick"
zum 50. Geburtstag
des Autors
und
Herausgebers

Januar

Mit der Neujahrsansprache durch unseren Bundespräsidenten, Herrn Theodor Heuss, wird eine neue „Hymne an Deutschland", komponiert von Hermann Reutter und getextet von Rudolf A. Schröder, vorgestellt, die im Anschluß an seine Rede im Rundfunk gesendet wird:

Land des Glaubens, deutsches Land
Land der Väter und der Erben
Uns im Leben und im Sterben
Haus und Herberg' Trost und Pfand
Sei den Toten zum Gedächtnis
den Lebend'gen zum Vermächtnis
Freudig vor der Welt bekannt
Land des Glaubens, deutsches Land.

Nur ein Vorschlag, auf keinen Fall eine neue Nationalhymne, als Amtsvorgang „dekretiert", so die Äußerung des Bundespräsidenten.
Wird dieses Lied sich durchsetzen?

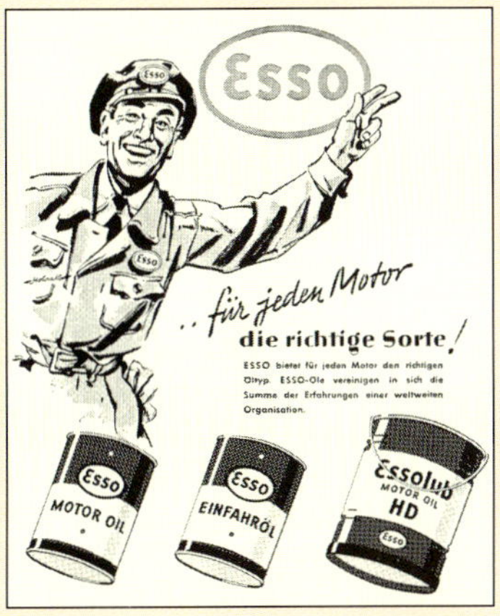

Mit Beginn des Jahres 1951 sind nun auch sechzig Jahre vergangen, seit die „Deutsch-Amerikanische Petroleum-Gesellschaft" in der deutschen Mineralölwirtschaft tätig ist. Geht man zurück in die Gründungszeit, es war das Jahr 1860, so kommt man unweigerlich in die Zeit der Petroleumlampe, die noch nichts ahnen konnte von der revolutionären Entwicklung der folgenden Jahren. Heute kommen die Produkte der Deutsch-Amerikanischen Petroleum-Gesellschaft nicht nur dem Autofahrer in Form von Kraftstoffen zugute; wer über Asphaltstraßen schreitet, wer mit Verkehrsmittel wie Triebwagen, Flugzeug oder Schiff seinem Ziel entgegensteuert, genießt ebenso die Produkte dieser Gesellschaft. Vor allem die Esso-Tankstelle, wer kennt sie nicht? Mit Beginn des Jahres 1951 wird nun dieser Name in „ESSO AG" geändert. Esso als Markenzeichen ist uns hierzulande schon längst bekannt und geläufig, es genießt ein großes Maß an Vertrauen.

Es ist ein Schritt in die richtige Richtung, denn die Anzahl der Fahrzeuge in Deutschland, vor allem auf den Straßen, nimmt ständig zu. Es wird immer mehr Kraftstoff benötigt.

So gibt es inzwischen rund 8,3 Millionen Kraftfahrzeuge, die mit Lichtmaschinen und Anlassern, nur von Bosch, ausgerüstet sind, vom Motorrad bis zum Überland-Omnibus. Bosch weiß, worauf es ankommt! Die Lichtmaschine, die wie ein Kraftwerk Strom erzeugt und damit die Starterbatterie speist, mußte jahrelang bei oft tropischen Temperaturen höchste Leistungen abgeben. Ihr geheimnisvoller Spannungsregler muß zuverlässig funktionieren und die Lager des fein ausgewuchteten Ankers von höchster Präzision sein. Von den Anlassern aber, den von der Batterie gespeisten Elektromotoren, wird verlangt: Hohe Durchdrehkraft zum Anwerfen des Motors, beste Werkstoffe für Anker, Lager und das kleine Ritzel, das den Motor auch an kalten Wintertagen zuverlässig durchdrehen muß. Bosch-Lichtmaschinen und -Anlasser überdauern auch langlebige Kraftfahrzeuge und arbeiten sprichwörtlich gut!

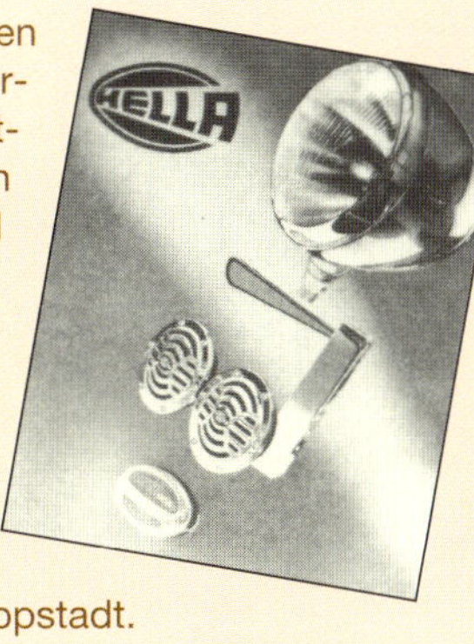

Bosch hat aber auch Millionen Fahrzeuge mit gutem Licht versorgt.
Licht? Ja, Licht! Scheinwerfer, Schalter, Leuchten, Signalhörner und sonstiges elektrisches Zubehör, dafür steht auch der Name Hella von der westfälischen Metall-Industrie AG in Lippstadt.

Doch Auto hin oder Auto her, viele unserer deutschen Mitbürger sind unterdessen schockiert.

Schockiert über die nackte Hildegard Knef, deren jungen, schönen Körper wir, zugegebenermaßen nur kurz, bewundern durften und dies auch nur, wenn wir den neuen Kinofilm „Die Sünderin" von Willi Forst mit Hildegart Knef und Gustav Fröhlich in den Hauptrollen gesehen haben. Seit dem 18. Januar füllt er unsere deutschen Kinos und regt zu Moraldiskussionen an. Es geht um käufliche Liebe, Tötung auf Verlangen und Selbstmord. Szenen, die neben so manchem Moralapostel auch Kirchenvertreter auf den Plan rufen: Eine ehemalige Prostituierte kehrt wieder in ihr altes Gewerbe zurück, um dem geliebten Mann, einem unheilbar kranken Maler, eine letzte Operation bezahlen zu können. Doch als auch diese Operation nicht mehr helfen kann, setzt sie dem Leidensweg mit Hilfe von Gift ein Ende, bevor sie ihm folgt.

Ja, Moral wird bei uns Deutschen noch großgeschrieben. Doch wenn unsere Zukunft weiterhin mit solchen Filmen gepflastert sein wird, wie wird es erst in fünfzig Jahren aussehen?

Damit wir wenigstens beim Autofahren auf etwas Sicherheit zählen können, sollten wir uns für Sekurit-Fensterscheiben entscheiden, denn so verspricht es die Werbung: Für Sicherheit und Wohlbehagen sorgt Sekurit im Wagen. Chromleisten verpflichten: Moderne Automobile halten, was ihr Äußeres verspricht. Zu den technischen Vollkommenheiten eines jeden Fahrzeugs gehört Sicherheit; deshalb Sekurit-Sicherheitsglas für alle Scheiben im Wagen.

Januar

Gleichzeitig sorgt sich die Firma J. Eberspächer, die Spezialfirma für Abgasschalldämpfer, Ansauggeräuschdämpfer, Ansaugluftfilter und Autoheizungen, zur Findung von Mitteln und Wegen zur Erfassung und Senkung des lästigen Kraftfahrzeuglärms. Eine Mitteilung aus dem „akustischen Laboratorium für Schalldämpferentwicklung" brachte folgende Offenlegung: Infolge der außerordentlichen Steigerung des Verkehrs im ganzen Bundesgebiet hat der Straßenlärm derartige Formen angenommen, daß er für weite Kreise eine auf Dauer unerträgliche Belastung darstellt. Die immer wieder gemachte Beobachtung, daß der Lärm um so unangenehmer wirkt, je kleiner das Fahrzeug ist, hat Überlegungen hinsichtlich einer objektiven Lästigkeitserfassung ausgelöst.

Daß die Kraftfahrzeuge, und hier besonders die kleinen, immer lauter werden, muß aber auch daran liegen, weil der im Kraftfahrwesen besonders durch seine Schalldämpfer altbekannte Ingenieur Friedrich Boysen die Schalldämpfer-Forschung unterbrochen hat und sich derzeit mit einem kleinen, handlichen und standfesten Trichterkanister beschäftigt. Und kaum ist der 10,5-l-Kanister, der für 19 Mark und 75 Pfennige zu bekommen ist, fertig, sollen jetzt noch weitere Ausführungen mit fünf und 20 l folgen.

Ruhige Autos brauchen ruhige Motoren! Damit die Motoren noch ruhiger werden, hat Mahle den Vollschaft-Autothermik-Kolben entwickelt. Als erfolgreiche Weiterentwicklung der bewährten Autothermik-Bauart, mit dehnungshemmenden Stahleinlagen und entsprechend geringem Einbauspiel, gewährleistet er eine größere Laufruhe bei allen Betriebszuständen. Die „fensterlose" Ausbildung der Führungsflächen verbürgt eine noch bessere Formfestigkeit auch bei höchster Belastung, und der Ölhaushalt wird selbst unter schwierigsten Verhältnissen beherrscht.
Ein Kolben, der mit der laufenden Steigerung von Verdichtung und Drehzahl glücklich Schritt halten kann und inzwischen serienmäßig im Ford-Taunus und im Volkswagen eingebaut ist!

Im Volkswagen eingbaut, das will was heißen. Denn, so verspricht es die Werbung: „Werk und Wagen, der große Erfolg". Werk und Wagen, einst von der nationalsozialistischen Reichsregierung ins Leben gerufen, um die große Arbeitslosigkeit der dreißiger Jahre abzubauen. Doch, so scheint es, setzt der Erfolg erst jetzt so richtig ein.

Genau 90 558 VW-Käfer wurden allein 1950 gebaut und verkauft, und dieses Jahr sollen es noch mehr werden. Über 29 000 Stück davon fanden ihre Besitzer in 20 Ländern außerhalb Deutschlands. Man sieht, auch das Ausland akzeptiert uns wieder.
Ob es derzeit noch weitere deutsche Autos gibt, die von gleichem Erfolg berichten können?

Doch Erfolg und Auto vergessen wir ganz schnell, wenn wir unsere Aufmerksamkeit der Alpenregion unserer Nachbarländer zuwenden: hier erleben wir die Jahrhundertkatastrophe der Alpen.

Seit Beginn des Jahres verursachen ungewöhnlich starke und langanhaltende Schneefälle die schwerste Schneekatastrophe seit mehr als hundert Jahren. Allein in den österreichischen Alpen sind es bis zum 22. Januar mindestens 329 Menschen, die durch Lawinen ums Leben kommen. Rund 45 000 Menschen in über 30 Städten und Dörfern sind schon seit Tagen von der Außenwelt abgeschnitten. In der Schweizer Ortschaft Vals reißt eine einzige Lawine 19 Menschen in den Tod und bedeckt die Hauptstraße bis zu fünf Metern mit Schnee, und in Sedurn ist es wieder eine Lawine, die das Hotel Oberalpsee dem Erdboden gleich gemacht.

Und wieder zurück zum Käfer, dem Volkswagen oder besser gesagt, dem Erfolgswagen. Macht uns die freudige Nachricht von Werk und Wagen stolz, und erfüllen uns die guten Exportzahlen mit Zufriedenheit, so ruft der Gedanke an seinen Schöpfer Trauer in uns hervor:

Am 30. Januar stirbt Prof. Dr. Ferdinand Porsche, nur wenige Monate nach seinem 75. Geburtstag.
Die Menschen seiner nächsten Umgebung glaubten schon seit Monaten zu ahnen, daß die Kräfte dieses genialen Konstrukteurs und Autobauers sich langsam dem Ende näherten. „Hat doch die jahrelange unverständliche Gefängniszeit in Frankreich während der Nachkriegszeit ihre Wirkung nicht verfehlt" (Zitat). Bevor Ferdinand Porsche damit begann, seinen eigenen Sportwagen, den Porsche, zu bauen, konstruierte er zahlreiche Autos und Motoren für andere Firmen. Ja sogar im Schlepperbau schrieb er Geschichte.

Er konstruierte im Auftrag der Reichsregierung den Volksschlepper, einen kleinen und besonders billigen Schlepper, mit dem die Machthaber der Regierung den deutschen Bauern „traktorisieren" wollten. Doch der fortschreitende Krieg verhinderte den Bau dieses Volksschleppers. So bleibt seine bekannteste Konstruktion der Käfer von Volkswagen.

Februar

Und nur wenige Tage später erreicht uns die nächste Nachricht gleicher Tragik: Ein weiterer Autobauer ist am 3. Februar im Alter von 82 Jahren verstorben; Dr. August Horch.

Er ist einer der ganz wenigen, die den Automobilbau noch von den Anfängen bis in die jetzige Zeit miterlebt und mitgeprägt hatten. Doch im Gegensatz zu Porsche, der seine Autos unter seinem eigenem Namen vertrieb, wählte Horch bereits 1929 die lateinische Variante seines Namens und gründete die Audi-Automobilwerke, die 1932 mit der Auto-Union verschmolzen. Ein Grund, warum viele unserer Mitbürger den Namen Horch nicht sofort mit dem Auto in Verbindung bringen können.

Große Schlagzeilen gibt es auch bei der Freilassung unseres „Ex-Kanonenkönigs“ Krupp aus dem Kriegsverbrechergefängnis in Landsberg am 3. Februar. Auf die Frage in der nur zwei Stunden später stattfindenden Pressekonferenz, ob er jemals wieder Waffen produzieren wolle, antwortete er: „Ich trage den Namen der Familie Krupp. Unsere Hauptaufgabe ist es immer gewesen, auf sozialem Gebiet tätig zu sein. Ich hoffe, daß es nie mehr nötig sein wird, in die Rüstung zu gehen. Aber mein Leben hat nie von mir abgehangen, sondern vom Ablauf der Geschichte“.

Beim „Großen Preis des Präsidenten Juan D. Peron“ in Argentinien gehen erstmals seit dem Krieg wieder drei Silberpfeile von Mercedes an den Start. Es waren Vorkriegsrennwagen vom Typ W 154, wovon zwei Fahrzeuge durch unglückliche Reifenschäden zurückgeworfen wurden. Damit ging der Sieg verloren. Hinter Ferrari ließen sich aber immer noch Platz 2, 3 und 6 belegen.

Unterdessen laufen alle Vorbereitungen für die „Traumhochzeit in Teheran“ auf Hochtouren: Im prunkvoll geschmückten Elfenbeinsaal des königlichen Marmorpalastes schließen der persische Schah Mohammad Resa Pahlawi und die deutschstämmige Soraya Esfandiary Bakhtiary den Bund der Ehe. Um das aus glänzendem Silberlame' gefertigte Hochzeitskleid herzustellen, mußten alle Mitarbeiter von Dior drei Wochen lang arbeiten. Eine 10 m lange Schleppe aus weißem Tüll, besetzt mit 900 000 Goldkörnern, 20 000 mattrosa Marabufedern und 6000 Diamanten zieren das prachtvolle Gewand.

Wenig beeindruckt von diesen Ereignissen zeigen sich Bremens Metallarbeiter, denn sie kämpfen für mehr Lohn.

Bereits seit acht Tagen führen sie einen Streik. Doch heute, am 21. Februar, haben sie ihn beigelegt: ihr Stundenlohn wird um 16 Pfennige auf 1,40 DM angehoben. Dies ergibt für einen 8-Stunden-Tag ganze DM 11.20. Ein bescheidener Verdienst, stellt man dem ein paar Lebensmittel gegenüber: 1 kg Brot kostet ca. 0,50 DM, 1 kg Butter kostet ca. 6,10 DM, für eine Kiste Bier sind rund 11 DM zu berappen, und für den Liter Benzin werden derzeit rund 56 Pfennige genommen.

Kein Benzin, ja überhaupt kein flüssiger Treibstoff, sondern lediglich Strom ist notwendig für den Betrieb eines seltsamen und bis heute einzigartigen Verkehrsmittels: der Wuppertaler Schwebebahn.

Das erste Teilstück konnte am 1. März 1901 bei großen Feierlichkeiten und unter Anwesenheit unseres Kaisers dem Verkehr übergeben werden. Schon Ende der achtziger Jahre des 19. Jahrhunderts entstanden Pläne, wonach die entlang der Wupper gelegenen Städte Barmen, Elberfeld und Vohwinkel verkehrstechnisch miteinander verbunden werden sollten. Die örtlichen Voraussetzungen führten schließlich zum Bau dieser einzigartigen Lösung, die unter Mitwirkung von keinem geringeren als Eugen Langen, dem Miterfinder des ersten Verbrennungsmotors, entstanden ist. Heute kann diese Bahn auf fünfzig Jahre zurückblicken, und wir wünschen ihr auch für die nächsten fünfzig Jahre alles Gute.

Der „Mercedes“, in dem wir alle die Nobelkarrosse aus Stuttgart erkennen, darf ebenfalls auf ein halbes Jahrhundert Autogeschichte zurückblicken: Sechzehn Jahre nach der Erfindung des Automobils durch Daimler und Benz entstand 1901 der erste Mercedes als Meilenstein einer erfolgreichen Entwicklung. Auch ihm wünschen wir alles Gute für die Zukunft und viel Erfolg.

März-April

Unser Bundeskanzler ist Angehöriger der CDU und heißt Konrad Adenauer. Seine Wahl erfolgte bereits am 15. September 1949, und er ist damit der erste Bundeskanzler unserer noch sehr jungen Republik. Seit seiner Ernennung ist es ein besonderes Bestreben von ihm, Souveränität für uns Deutsche vor allem gegenüber dem Ausland zu erlangen. Ein wichtiger Schritt in dieser Richtung gelingt ihm mit der Revision am 6. März, die Bundesrepublik Deutschland ist jetzt wieder ein vollberechtigtes Mitglied im Europarat. Für uns Bürger bedeutet dies: Endgültige Beendigung des Kriegszustandes! Am 15. März ernennt Bundespräsident Theodor Heuss unseren Bundeskanzler zum Bundesaußenminister, womit unser Kanzler zu seinem eigenen Außenminister wird. Mit der Übernahme dieses Amtes kann er seinen politischen Spielraum zusätzlich erweitern.

Am 23. März, es ist Karfreitag, findet ein Ereignis statt, von dem die Öffentlichkeit überhaupt keine Notiz nimmt. Nur ein kleiner Kreis weniger Menschen scheint davon berührt zu sein: Meine Wenigkeit beginnt den Weg auf dieser Erde. Doch von dem, was hier seinen Anfang nimmt, werden Sie zusammen mit vielen tausenden von Lesern einmal profitieren. Zuvor aber müssen noch bescheidene 50 Jahre vergehen. Erwähnenswert erscheint auch, daß dieser Geburtstag in den vor uns liegenden fünfzig Jahren nie mehr auf einen Karfreitag fallen wird.

Daimler-Benz in Untertürkheim unterdessen hatte vor wenigen Wochen Besuch von Laurence Pomeroy, einem Fachjornalisten aus England. Ziel des Besuchs waren Infos über die Mercedes-Personenwagen 170 D und 170 V, die Mittelklassewagen mit Diesel- und Benzinmotor. Und dazu hat er nun gerade eben einen Testbericht mit folgendem Titel veröffentlicht: „Vergleich zwischen Mercedes-Personenwagen 170 D und 170 V". Interessant ist das Ergebnis: Thermischer Wirkungsgrad und Kraftstoffpreise bewirken beim Dieselbetrieb zusammen etwa die halben Kosten des Ottobetriebs, obwohl das Gewicht von Dieselmotor und Batterie rund 22% höher ist als beim Ottomotor. Der Dieselwagen war erst im Mai 1949 in das Verkaufsprogramm aufgenommen worden.

Ja, unser Auto, unser heilig's Blechle. Es rückt immer mehr in den Vordergrund unseres Bewußtseins. Klar, denn bei manchem unserer Mitbürger beginnt es sich zum Statussymbol zu entwickeln, und bei vielen der neuen Autobesitzer ist es das erste Auto überhaupt, das sie sich leisten können. Und deshalb muß ein Auto gepflegt und gewaschen werden. Werterhaltung nennen wir dieses Verhalten, schließlich wollen wir auch möglichst lange Freude an unserem Gefährt haben.

In Amerika hat man speziell für die Wagenwäsche einen „Waschautomat" entwickelt, der seit neuestem auch bei uns in Deutschland zu finden ist. Denn schnell soll es ja gehen, mit der Wagenwäsche, und möglichst ohne daß dabei die Hände schmutzig werden.

Dieser Waschautomat besteht aus einem torförmigen, mit vielen Sprühdüsen ausgestatteten Rahmen, der mit Stahlrädern ausgerüstet und auf Schienen leicht verschiebbar aufgestellt ist. Wenn das Auto unter den Rahmen gefahren wird, dann kann der komplette Rahmen auf den Schienen über das Auto geschoben werden. Nun sind verschiedene Waschgänge möglich. So kann zunächst über die Düsen ein feiner, druckvoller Wasserstrahl den Schmutz einweichen, bevor mit dem nächsten Arbeitsgang die Waschlotion aufgebracht wird und den Dreck so richtig anlöst. Ist dies geschehen, wird wieder mit Hochdruck nachgespült, und schon glänzt der Wagen wieder wie neu.

Eine feine Sache! Oder nicht? Doch wenn es ums Auto geht, dann wird es auf der IAA, der ersten internationalen Automobilausstellung seit dem Krieg, jetzt in Frankfurt am Main, erst so richtig spannend. Unser Herr Bundespräsident hat sie soeben eröffnet.

Es ist der 19. April. Stolze 518 Firmen stellen ihre Produkte auf über 68000 m^2 aus. In insgesamt 13 Hallen dürfen wir also die neuesten Personen- und Lastkraftwagen, Omnibusse und Zweiräder, sowie ein umfangreiches Ersatzteile- und Zubehörprogramm bewundern und bestaunen.

Viele altbewärte Modelle in verbesserter Ausführung finden wir vor. Oft erkennen wir noch unsere Vorkriegsautos, aber es gibt natürlich auch Neues. Die Daimler-Benz AG beispielsweise überrascht mit zwei neuen Sechszylindern der Oberklasse. Völlig neu ist die Sicherheitsfahrgastzelle, die bereits am 23. Januar patentrechtlich geschützt wurde.

Hier ist sie verwirklicht in dem neuen Typ „300" mit 115 PS. Er ist derzeit Deutschlands größter und schnellster Serien-Pkw. Ein besonders stattlicher Wagen, der unserem Herrn Bundeskanzler auf

April

Anhieb so sehr gefällt, daß er sich künftig in diesem Wagen chauffieren lassen wird. Bald wird deshalb der neue 300er im Volksmund „Adenauer-Mercedes" genannt. Das zweite Sechszylinder-Modell ist der Typ „220" mit 80 PS, aufgebaut auf der bewährten Karosse des 170 S, wobei aber Getriebe, Bremsanlage und Hinterachsantrieb wesentliche Verbesserungen erfuhren.
Doch neben solchen Nobelkarrossen beherrschen preiswerte Klein- und Mittelklassewagen die Messe.

Hanomag beispielsweise, im Krieg den Personenwagenbau aufgebend, ist wieder präsent und setzt auf die Familie. Drei einzelne Sitze vorne, hinten zwei Kindersitze und ein von innen und außen zugänglicher Kofferraum zeichnen diesen Kleinwagen aus, der mit dem vielversprechenden Namen „Partner" versehen ist und von einem 700-ccm-Motor angetrieben wird. Daneben bietet Hanomag das 1,5-t-Schnelllastwagen-Programm. Hier wird der 1,5-Tonner im Baukastensystem als Kleinlastwagen mit Pritsche, als Kofferwagen und als Kastenwagen geliefert. Eine Ausführung als Kleinbus ist aber genauso möglich wie weitere Sonderaufbauten, die jederzeit mit dem Werk abgesprochen werden können.

Gutbrod aus Plochingen zeigt ebenfalls einen Kleinlastwagen, den Schnelltransporter „Atlas 800" und setzt gleichzeitig auf eine elegante Zweisitzer-Limousine mit dem Namen „Superior". Ein Kleinwagen mit großem Kofferraum, der von einem Zweizylinder-Zweitaktmotor angetrieben wird und einen bestimmten Abnehmerkreis ansprechen soll. Dies hält aber nicht davon ab, für die Mitfahrgelegenheit einer dritten Person im Fond des Wagens und zwei Kindersitze im Kofferraum zu werben.

Borgward überrascht mit einem außergewöhnlichen Modell, dem „Hansa 1800" in Gestalt des „Hansa 1500", der aber mit einer fortschrittlichen Ganzstahlkarosserie und moderner Technik ausgerüstet ist. Gleiches gilt auch für den Motor, ein Vierzylinder mit 55 PS bei 1785 ccm Hubraum. Er gilt als der erste nach dem Krieg gebaute, obengesteuerte Motor. Auf Wunsch steht dem Kunden sogar ein „Automatic-Getriebe" zur Verfügung.
Besonders schwer haben es die „Bayerischen Motorenwerke München". Nachdem das Pkw-Fertigungswerk in Eisenach nach dem Krieg verloren war, war dieser Firma die Möglichkeit genommen, weiter Autos zu bauen. Sie hatte also nicht nur damit zu kämpfen, eine völlig neue Konstruktion auf die Beine zu stellen, sondern müßen jetzt auch noch ein komplettes Fertigungswerk aufbauen. Trotzdem überrascht sie auf der Messe mit einer eleganten Mittelklasse-Limousine vom Typ „501", angetrieben von einem Sechszylinder mit 60 PS. Noch ist es „nur" ein Prototyp, den wir hier bestaunen dürfen, doch ist man bei BMW sehr zuversichtlich, bereits im Herbst mit der Serienproduktion beginnen zu können.

Porsche zeigt den bekannten Typ 356, der jedoch mit einem völlig neuen Motor ausgerüstet ist. Dieser 1286-ccm-Motor leistet 42 PS bei 4000 U/min und ist mit Mahle-Leichtmetallzylindern mit verchromten Laufflächen ausgerüstet. Dazu kommt eine verbesserte Bremsanlage und eine ebenfalls verbesserte Straßenlage, die mit den hydraulischen Teleskopstoßdämpfern erreicht wird.

Ein sehr ansprechendes Modell finden wir auf dem Ausstellungsstand der Auto Union. Es ist der DKW F 89 P, der etwas an das Aussehen des Käfers erinnert und seit den Vorjahr geliefert wird. Er kann in den Ausführungen als Limousine, Cabrio und Universal geliefert werden. Dazu gesellen sich noch die Luxuszweisitzer als Coupe' und Cabrio, die zusammen mit dem Universal erstmals auf dieser Messe dem deutschen und ausländischen Publikum vorgeführt werden können. Angetrieben werden alle Ausführungen von einem wassergekühlten Zweizylinder-Zweitaktmotor mit DKW-Umkehrspülung, System Schnürle, und Frischöl- Mischschmierung. Der Motor leistet 23 PS.
Für das Werk ist der Bau dieser Mittelklassewagen eine stolze Leistung, denn wie BMW litt auch dieses Werk sehr stark unter den Auswirkungen des Krieges.
Das bekannte Schnell-Laster-Programm mit ³/₄-t-Nutzlast ist ebenfalls ausgestellt; es wurde speziell zur Messe um einen Verkaufs- und Werbewagen erweitert. Bisher gab es den Kastenwagen, den Kombi, den Krankenwagen und den Bus bis acht Personen.

Bei Opel herrscht der Grundsatz, „wenige Typen, hohe Stückzahlen", übrigens ein alter Opel-Grundsatz! Demzufolge konzentriert sich auch das neue Programm sowohl bei den Pkw als auch bei den Lkw auf wenige Typen ausgereifter Modelle mit bekannten Namen, für viele seit Jahren ein fester Begriff. „Opel-Olympia", ihn kennen wir alle, er wird als zweitürige Limousine und als schickes Cabriolet angeboten.

Und wem diese bewährten Mittelklassewagen doch nicht reichen wollen, für den steht der „Kapitän“, eine viertürige Limousine der Oberklasse zur Verfügung. Genauso wird der Handwerker oder der Händler um die Ecke bedient: Für sie steht der 1,5-l-Schnell-Lastwagen zur Verfügung. Ein ausgetüfteltes Baukastensystem, das keine Wünsche offen lässt, wird mit dem 2,5-l-Opel Blitz Schnell-Lastwagen-Programm geboten. Ob ein Pritschen-Lastwagen, ein Lastwagen mit Planenaufbau, oder ein Fahrgestell mit oder ohne Fahrerhaus für unterschiedlichste Aufbauten, hier ist einfach alles zu finden.

haben. Und da Ford gegensätzlich zu anderen Firmen noch am Rahmenbau festhält, ist der Umbau auf Spezialkarossen, beispielsweise Kranken- oder Leichenwagen vergleichsweise einfach. Ebenfalls ein beliebter Grund für mehrere Karosseriefirmen, den Taunus mit den schönsten Karossen auszustatten und der Kundschaft anzubieten. Egal ob Cabriolet zweisitzig oder viersitzig, zweitürig oder viertürig, die Auswahl ist eine reine Sache der Geldbörse. Und wem diese Mittelklassewagen dann doch noch zu klein oder zu schwach sind, der orientiere sich am amerikanischen Programm. Hier das Flaggschiff: der Lincoln-

Doch damit nicht genug. Als Tochter von General Motors findet sich in direkter Nachbarschaft der Pkw-Ausstellung von Opel der GM-Stand. Und hier wird uns ein tiefreichender Einblick in die amerikanische Autowelt geboten: Ob Chevrolet, Oldsmobil, Cadillac, Pontiac oder Buick, alles ist vertreten.

Man sieht, es können allein bei Opel-GM alle Wünsche erfüllt werden, für jeden Geldbeutel. Pardon, für fast jeden Geldbeutel, denn bei einem chronisch leeren Geldbeutel könnte es auch hier etwas schwierig werden.

Recht umfangreich ist das Pkw-Programm der Ford-Werke aus Köln. Hier wurde der bewährte und bei der Bevölkerung bekannte Taunus aus Vorkriegstagen modifiziert und mit neuem, sehr ansprechendem Gesicht versehen. Er kann jetzt in verschiedenen Versionen geliefert werden, so daß keine Wünsche mehr offen bleiben müssen. Ob Familienkutsche, Kombilimousine, Luxusausführung oder Coupe', alles ist zu

Cosmopolitan mit 5,2 l Hubraum, geschöpft aus acht Zylindern. Er leistet stolze 154 PS.

Ebenso vielfältig wie die Pkw ist auch das Schnell-Lastwagen-Programm mit 1,5 und 2 t Nutzlast und Benzinmotoren, gefolgt vom 3,5-t-Diesel bis hoch zum V 8, Typ Rhein. Auch sie sind mit den verschiedensten Um- und Aufbauten zu liefern.

Überhaupt ist das breite Angebot an kleinen Nutzfahrzeugen auf der ganzen Messe nicht zu übersehen. Es beginnt mit Leistungen von 4 PS und billigen Anschaffungskosten, bis hoch zu 25 PS, wobei neben den Vierradfahrzeugen auch Dreiradwagen zu finden sind. Im Dreirad vereinigen sich Kraftrad-, Personenwagen- und Lastwagenbauteile, doch ist ein starker Rückgang dieser Bauart in den letzten Jahren zu beobachten, so daß damit zu rechnen ist, daß diese Fahrzeuggattung in den nächsten Jahren gänzlich vom Markt verschwinden wird. Vertreter dieser Bauweise sind der „Goliath" und der „Tempo"-Dreiradwagen, oder das Kleinstfahrzeug „Troll". Neu am vierrädrigen Tempo Matador ist der Einbau des bewährten VW-Motors aus dem Käfer. Dieser Motor mit 25 PS Leistung fand natürlich auch Verwendung im VW-Transporter, der im März letzten Jahres in Serie ging und bis Jahresende in über 8000 Stück verkauft werden konnten. Ebenfalls neu und zu beachten: die Bosch-Benzineinspritzung für den kleinen Zweitaktmotor, hier eingebaut bei Gutbrod und Goliath. Bisher kennen wir diese Technik von den Flugzeugmotoren, wo sie sich über viele Jahre bestens bewährte. Doch der Übertrag auf den Kleinmotorenbau im Fahrzeug ist neu. Und wie zu erfahren ist, ist die Entwicklung bei Bosch inzwischen soweit fortgeschritten, daß mit der Serienproduktion begonnen werden kann.

Eine feine Sache, diese Benzineinspritzung, denn beim Goliath Sport ließ sich die Leistung um 5 PS auf 29 PS steigern. Das sind doch 20% mehr Leistung!

Neu von Bosch ist auch ein druckluftunterstützter Pendelwinker für den Anbau an Großfahrzeugen. Doch versichern uns die Herren am Stand, daß derselbe Winker in Kürze auch in kleiner Ausführung zu haben sein wird, für den Pkw- und Kleinlieferwagenbereich. Jetzt darf man aber gespannt sein, was uns die Zukunft bringt, ist doch die Mehrzahl unserer neuen Autos mit einer modernen Blinklichtanlage ausgerüstet. Selbst hier bei Bosch findet sich in nächster Nähe des Winkers eine neuentwickelte Blinkgeberanlage samt Blinklichter, die sich auch für den nachträglichen Einbau eignet.
Riesig ist die Palette der Lkw, vom Baustellenfahrzeug bis hin zum modernsten Überlandfahrzeug für den Fernverkehr. Besonders bewundernswert, unsere Lkw zeigen Schnauze und es darf pauschal gesagt werden: je größer die Schnauze, je größer der Motor, der sich darunter verbirgt. Ein Trend, der bei unseren modernen Reisebussen immer mehr verlassen wird. Die Mode setzt hier mehr auf den Frontlenker. Ach ja, Busse, Reisen, Personenbeförderung.

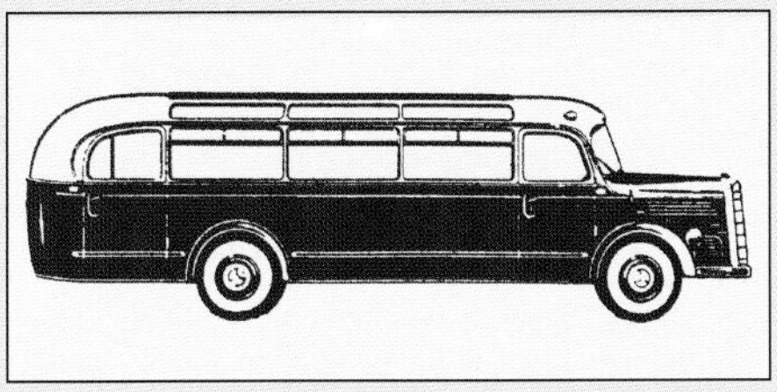

Weit reicht das Angebot dieser Sparte: Vom Sechspersonen-Taxi über den Kleinomnibus bis hin zum neuen Pullman-Omnibus mit quer im Heck liegenden 145-PS-Sechszylinder-Dieselmotor, elegantem Ganzstahlaufbau für 56 Passagiere, vollendetem Fahrkomfort, z. B. Warmwasser-Frischluftheizung, Torsionsstab- Stabillisatoren, elektrische Schaltung und vieles mehr.

Man kann sich einfach nicht sattsehen, die Eindrücke nur oberflächlich wiedergeben. Aber sie ist beeindruckend, diese erste Automobilausstellung. Und trotzdem gibt es Zeitgenossen unter uns, die behaupten, daß wir Deutschen unsere schönsten Autos in den Jahren vor dem Krieg gebaut haben sollen. Können wir das so stehen lassen?

Sich überschneidend mit der IAA findet in Köln die erste Photokina statt. Eine Messe, rund um all das, was mit Foto und Fotografieren zu tun hat. Und auch hier wollen wir einen kurzen Besuch wagen.
Unsere deutsche Fotoindustrie hat die Jahre nach dem Krieg dazu genutzt, um wieder in die erste Reihe dieser Technik hochzusteigen, so, wie wir es vor den Kriegsjahren gewohnt waren. Wir haben also die Nase wieder vorne. Inzwischen können wir auch wieder rund die Hälfte unserer Kameraproduktion an das Ausland verkaufen. Der Trend der Messe: Alltagsfotoapparate für Otto Normalbürger, mit technischer Präzision zu noch erschwinglicheren Preisen, machen große Fortschritte.
Einer der Aussteller zeigt eine Kamera für Aufnahmen im „Kanalsystem". Hier sollen Schäden in kleineren Röhren festgestellt und festgehalten werden können. Ob wir so was je brauchen werden?

Jetzt müssen wir sie nur noch richtig nutzen, all diese Techniken, die uns unser Land und unsere Industrie bietet. Wie man es machen kann, und das in einer sehr ansprechenden Art, das können wir beim „Stern" abgucken. Der Stern, die große illustrierte Zeitschrift aus Hamburg, erscheint inzwischen im vierten Jahr und wir alle kennen sie.

Hier wird modernste Fototechnik genutzt, gemischt mit etwas grafischer Gestaltung, unter besonderer Verwendung eines unserer schönsten Autos, natürlich in Cabriolet-Ausführung. Jetzt noch ein lohnendes Preisausschreiben dazugemixt und daraus zaubert man ein wunderschönes und sehr ansprechendes Titelblatt.
Dieser Titel spricht uns alle an. Allein schon, wenn wir die Zeitschrift aus der Ferne am Kiosk liegen sehen. Und unter uns, haben wir nicht schon immer von diesem Auto geträumt? Auch wenn wir gerade in Eile sind, diesen „Stern" nehmen wir mit. Vielleicht ist es gerade einer von uns, den das Glück trifft!

Ja, das war schon immer so. Wenn die Wirtschaft floriert, ist die Konkurrenz nicht weit. Und bei uns scheint gerade alles zu florieren, auch unsere Schiffahrt.

Ernsthafte Konkurrenz scheint jetzt aus dem fernen Osten, aus Japan, zu drohen. Da aber bei uns Vollbeschäftigung herrscht, nehmen wir diese Nachricht mehr so nebenbei zur Kenntnis. Wer sich richtig aufregt, das sind die Amerikaner, genauer gesagt, der amerikanische Reederverband. Mitte Mai fordert er, der japanischen Schiffahrt jeglichen Handel zu verbieten, der über den eigenen Bedarf hinausgeht.
Ob das eine Lösung für unsere Zukunft sein kann?

Unser Boxer „Bubi", der Berliner Gustav Scholz, erboxt sich am 20. Mai vor 4000 begeisterten Zuschauern den deutschen Meistertitel im Weltergewicht gegen Titelverteidiger Walter Schneider.

Am 24. Mai erreicht uns die traurige Nachricht vom Tod des erst 53jährigen Dr. Ing. Adolf Schnürle, geboren im schwäbischen Maulbronn. Studiert und promoviert hat er an der Technischen Hochschule Stuttgart.
Der Schwerpunkt seines Forschens galt schon sehr früh der Weiterentwicklung benzin- und dieselgetriebener Zweitaktmotoren. Auf dessen Gebiet konnte er große Erfolge verbuchen und mehrere Patente sein eigen nennen. Bereits 1925 lief der erste Einzylinder-Dieselmotor mit der „Schnürle-Umkehrspülung", und ab 1932 rüstete die DKW der Auto-Union ihre Zweitakt-Motoren auf das Schnürle-System um. Weitere Firmen in In- und Ausland folgten und sorgten so für eine rasche Verbreitung dieses Spülsystems.
Lange Jahre war A. Schnürle Konstrukteur und Direktor bei der KHD und sorgte für den Bau großer Flugzeugmotoren mit Leistungen bis zu 2000 PS, die ebenfalls mit der Schnürle-Umkehrspülung arbeiteten und sich durch einfache Bauart und sparsamen Betrieb auszeichneten.
Seinem Tod ging eine längere Krankheit voraus, die ihn daran hinderte, seine gesteckten Ziele und Pläne weiter zu verfolgen.

Dringender Handlungsbedarf ist angesagt bei der Verbesserung unserer Schleppersitze zum Schutz und Wohlbefinden unserer Bauern.

Sie sind vielfach nur aus Preßblech hergestelt und damit zu hart. Zum Schaden vieler Wirbelsäulen. Die Firma Lanz als einer der Vorreiter macht jetzt „Nägel mit Köpfen", wie man so schön zu sagen pflegt: alle Bulldogs ab 16 PS werden ab sofort nicht nur mit einem gepolsterten Sitz, sondern auch mit der dazugehörigen gepolsterten Rückenlehne ausgerüstet. Zum Schutz vieler Wirbelsäulen.
Na, dann gute Fahrt.

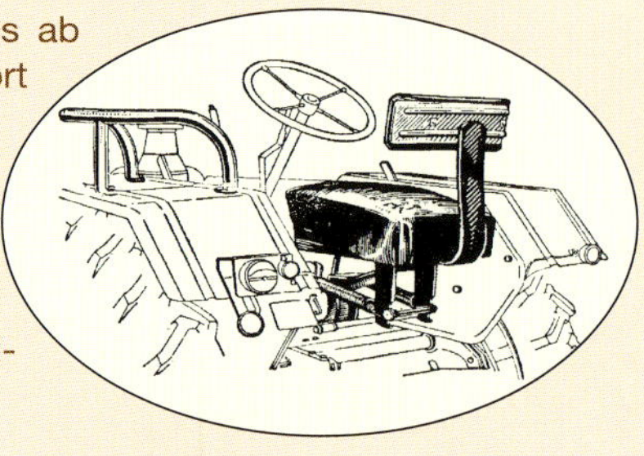

1921 1951 MAHLE-KOLBEN

Auf dreißig Jahre Kolbenbau und einer Fertigungsleistung von mehr als 45 Mio. Kolben für alle Arten von Verbrennungsmotoren blickt dieser Tage Deutschlands ältestes und größtes Kolbenwerk zurück: Kolben-Mahle, Kommandit-Gesellschaft aus Bad Canstatt bei Stuttgart. Herzlichen Glückwunsch und alles Gute für die nächsten fünfzig Jahre.

25 Jahre sind vergangen, seit Ate-Lockheed hydraulische Bremsen im deutschen Automobilbau eingeführt hat. Inzwischen haben die Mehrzahl unserer Automobilfabriken dieses zuverlässige und verkehrssichere Bremssystem übernommen und bauen es serienmäßig ein. Auch hier die herzlichsten Glückwünsche und eine erfolgreiche Zukunft.

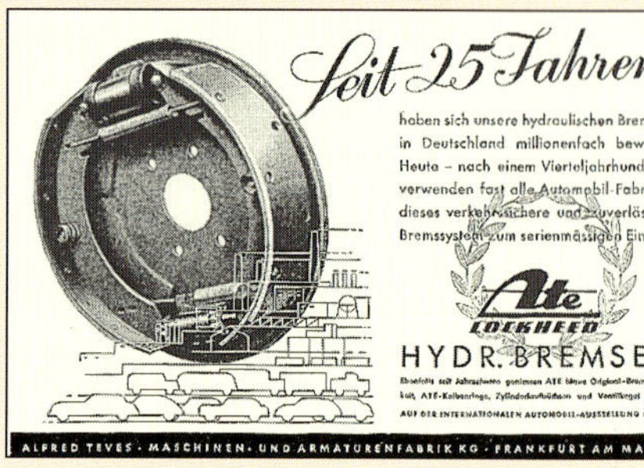

Eine schwere Krise durchlebt in diesen Monaten unsere Filmindustrie. Nein, nicht daß es an mangelnden Kinobesuchern liegt, unsere Kinos sind voll. Abend für Abend drängen sich die Besucher in großen Schlangen an den Kinokassen vorbei, um ihren Streifen zu sehen. Und es spielt hierbei offensichtlich keine Rolle, ob anspruchsvoll, minderwertiger Klischeefilm oder verkitscht, es wird alles gerne gesehen. Die Zeitungen berichten von Rekordzahlen unter den Besuchern, Zahlen von über 500 Millionen werden genannt. Nein, die Besucher sind es nicht!

Gefahr droht aus dem Ausland, wo sich eine eigenständige Filmindustrie speziell für Deutschland aufzubauen droht. Rund 600 von den derzeit 700 auf unseren Markt erscheinenden Filmen sind aus dem Ausland. An erster Stelle stehen die USA. Zusätzlich leidet die Ostzone unter unserem westlichen Kommerzdruck, was immer wieder dazu führt, daß sich einer der DDR-Filmproduzenten bei uns im Westen wohler fühlt. Von Flucht wollen wir aber nicht reden. Angesichts dieser drohenden Gefahren und zum Schutz unserer eigenen Filmindustrie sieht unsere Regierung dringenden Handlungsbedarf. Das Filmquotengesetz wird verabschiedet: jeder dritte Film, den fortan über eine deutsche Kinoleinwand flimmert, muß nun aus deutscher Produktion stammen.

Juni-Juli

Na, wenn jetzt keine Ordnung einkehrt. Übrigens, haben Sie unser Traumpaar schon bewundert? Sonja Ziemann und Rudolf Prack in „Grün ist die Heide". Einfach herrlich! Nein? Naja, über Geschmack kann und soll man einfach nicht streiten!

Die Schweiz dagegen findet zunehmend Geschmack an unseren Autos, besonders am Volkswagen. So konnte im Juni der 10 000. Käfer eingeführt werden. Eine beachtliche Leistung, wenn man bedenkt, daß der erste Wagen erst 1948 über die Grenze gelangte. 1950 waren es bereits 5000 Stück.

Juni, Sommerzeit, Urlaubszeit. Nicht nur unser Bundeskanzler ist auf Reisen, auch bei Otto Normalverbraucher setzen die Urlaubsreisen ein.

40% unserer Bevölkerung äußerten sich entsprechend einer Umfrage, eine Urlaubsreise schon hinter sich oder noch vor sich zu haben. Dabei wird die Dauer und das Ziel hauptsächlich von der Geldbörse bestimmt. Wie uns die Umfrage weiter vermittelt, stehen die Beamten und Freiberufler mit über 70% an erster Stelle der Reisenden, gefolgt von den Angestellten, die es auf fast 60% bringen. Das beliebteste Urlaubsziel ist Bayern und die Alpenregion, dann kommen Bodensee und Nordsee.

Gereist wird vielfach mit der Bahn. Dies führt zum Beginn der Schulferien mitunter zu chaotischen Zuständen auf unseren Bahnhöfen. Dazu schreibt die Süddeutsche Zeitung: „Der Andrang der Ferienreisenden war so groß, daß die Züge regelrecht gestürmt und die Fenster zum Einsteigen benutzt wurden. Der Kampf um die Sitzplätze nahm verschiedentlich rohe Formen an, so daß es zu Raufereien und zu Weinszenen kam..."

Verglichen mit Ungarn sind unsere Bahnhöfe aber eher friedlich, denn dort geht es dieser Tage richtig unmenschlich her.

Das ungarische Innenministerium vermeldet zum 15. Juni, daß bereits seit dem 21. Mai Enteignungen und Vertreibungen der Mittelschicht aus Budapest und anderen großen Städten das Tagesgeschehen beherrschen, 12000 Familien, Gewerbetreibende, Grundbesitzer, Beamte und Offiziere, aber auch Rentner und Pensionäre, sollen es inzwischen sein, die in den ländliche Norden vertrieben wurden, wo sie in Häusern enteigneter Großbauern oder auch nur in Zelten untergebracht sind.
In den frühen Morgenstunden werden die Benachrichtigungen zugestellt, dann stehen den Familien noch 48 Stunden zum Verlassen ihrer Häuser zur Verfügung. Kein Wunder, daß überall im Land Panikstimmung herrscht.
Gleichzeitig wird in einem groß angelegten Schauprozeß der höchste Würdenträger der katholischen Kirche, Erzbischof Josef Grosz, 64, wegen „Verschwörung gegen die ungarische Volksdemokratie" angeklagt. Aufgrund seines uneingeschränkten Schuldeingeständnisses, das nach Meinung unserer westliche Beobachter nur durch Folter oder Hypnose zustande gekommen sein konnte, wird er am 28. Juni zu 15 Jahren Gefängnis verurteilt. Doch wir im Westen wissen, er ist das Opfer der ungarischen Kirchenverfolgung.

Zum 25. Juli beginnt der Terror in Berlin. Aufgrund der bevorstehenden Weltjugendfestspiele und des zu erwartenden Zustroms Jugendlicher in den Westsektor, reagiert der Ostberliner Magistrat mit Absperrungen der Straßen. Bautrups beginnen unter Aufsicht der Volkspolizei, mit Schutt und Steinquadern, teils aus den Trümmern des Berliner Schlosses, die Hauptstraßen in den Westsektor zu verbarrikadieren. Westliche Bautrupps wiederum räumen die Straßen frei, so daß ein regelrechter Barrikadenkrieg entsteht. Daraufhin verlegen die Ostberliner die Barrikaden in ihren Sektor, um dem Zugriff westlicher Abräumkommandos zu entgehen.

Juli-August

Am 20. Juli verstirbt im Alter von 69 Jahren unser Kronprinz Wilhelm. Er ist der älteste Sohn seiner Majestät, unseres letzten deutschen Kaisers, Wilhelm II. Die Beisetzung auf der Stammburg Hohenzollern findet in aller Welt stärkste Beachtung und Anteilnahme. „Mit unserem Kronprinzen verschwindet ein Stück der >guten alten Zeit< vom Schauplatz der Geschichte".

Der 1. August wird zu einem sehr bedeutenden Tag in der Fluggeschichte: An diesem Tag beginnt das Jet-Zeitalter! Mit einem Düsenjäger von Douglas Skyrocket, angetrieben durch Luftstrahl-Triebwerke, erreicht der US-Amerikaner Bill Bridgeman als erster Pilot der Welt die doppelte Schallgeschwindigkeit und ist damit schneller als die Erdumdrehung.

Unterdessen vermelden die „Horex-Werke" aus Bad Homburg: alle 10 Minuten eine „Horex-Regina". Und falls Sie mit diesem Namen nichts anfangen können, Horex ist eine Motorradschmiede.

Also alle 10 Minuten ein neues Motorrad vom Typ Regina aus dem Hause Horex. Eine stolze Leistung. Und dieses Tempo wird schon seit Anfang des Jahres gehalten. Klar, die vielen Mitbürger unter uns, die bis jetzt noch den Autos hinterherschauen müssen, wollen ja auch fahren. Und dafür gibt es die Motorräder, die doch deutlich billiger sind als ein Auto.

Doch bleiben wir beim Motorrad, denn auch bei NSU gibt es Neues: Das NSU-Kraftrad „Fox", dessen hervorstechendes Merkmal der Zentralrahmen mit Vorder- und Hinterradfederung sowie der sechspferdige 100-ccm-Viertaktmotor ist, kommt jetzt auch mit 125-ccm-Zweitaktmotor zur Fertigung. Dieser Zweitakt-Motor leistet 5 PS bei einem Normalverbrauch von 2,2 l je 100 km und ermöglicht eine Höchstgeschwindigkeit von 57 km/h.

Triumph aus Nürnberg bietet eine neue Tourenmaschine für den sportlichen Fahrer. Wie schon bei älteren Typen, setzt die Firma auch bei dieser Maschine auf den bewährten Doppelkolben-Zweitaktmotor, der bei 4000 U/min 6,5 PS leistet. Eine Hinterradfederung, eine Teleskop-Voderradfederung und ein Viergang-Getriebe sind weitere Argumente, die zum Kauf dieser Luxusmaschine überzeugen sollen.

Anfang August liegt auch die erste Halbjahresbilanz

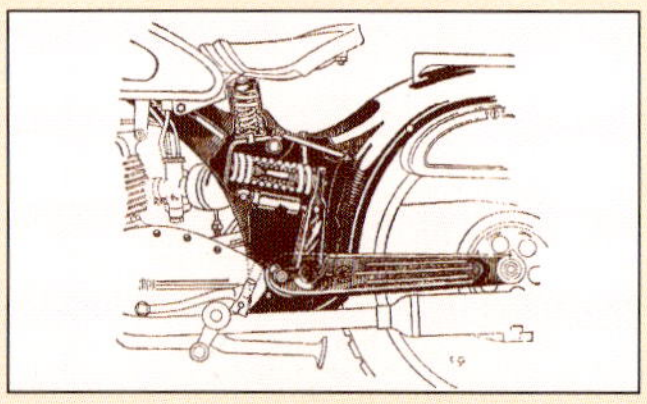

unserer motorgetriebenen Zweiräder vor. Und hier interessiert uns der Anführer: Mit 41000 verkauften Motorfahrrädern, Motorrädern und Autorollern liegen die NSU-Werke an der Spitze.

Rechtzeitig zu dieser Veröffentlichung bringt NSU auch noch ein neues, modernes Motorrad auf den Markt: die NSU-„Lux". Dieses völlig neu entwickelte Kraftrad besitzt einen 200-ccm-Zweitakt- motor, der 8,6 PS Leistung und ein fußschaltbares Viergang-Getriebe besitzt. Besonders bemerkenswert ist die Federung der Maschine. Der Zentralpreßrahmen ist hier als freitragendes Teil nach hinten verlängert, um auch den zweiten Sitz aufnehmen zu können. Damit wird dem Beifahrer ebenfalls die weiche, gefederte Fahrweise zuteil.

Fichtel & Sachs, der Kleinmotorenbauer aus Schweinfurt, meldet mittlerweile den Gebrauch von über 1 Million Sachs-Motoren.

Mann, da geht was ab. Ja, nicht nur in der Fotoindustrie und beim Autobau haben wir Deutschen die Nase vorne, auch wenn es um Motorräder geht sind wir führend und geben den Ton an. Eingeschlossen hier natürlich die Motorroller, das motorisierte Zweirad der modernen Frau, die im schicken Kleid oder Rock darauf Platz nimmt, ohne ihre damenhafte Etikette zu gefährden.

Gebrauchs- und Freizeitartikel gleichermaßen sind die Fahrräder. Grund genug, auch hier einen nicht

unerheblichen Teil an Forschung und Aufwand zu investieren. Vor allem unter der Berücksichtigung, daß einige namhafte deutsche Firmen in ihren Anfangszeiten Fahrräder produzierten. Denken wir nur an Daimler, Opel, NSU oder auch Lanz. Der Erfolg dieser Bemühungen, der uns allen Nutzen bringt, wird sichtbar an einer florierenden Wirtschaft, die nicht nur das Standardfahrrad zu bieten hat, sondern genauso Fahrräder mit gefederten Rahmen und den unterschiedlichsten Hilfsantrieben. So kann sich jeder das für ihn passende Gefährt zulegen.
Mit dem 12. September begeht unsere noch junge Bundesrepublik den ersten „Nationalen Gedenktag des deutschen Volkes". Gefeiert wird die Wiederherstellung einer demokratischen Ordnung durch das Inkrafttreten unseres Grundgesetzes. Gleichzeitig beschwört unser Kanzler in einer Erklärung die deutsche Einheit: Der Tag der friedlichen Wiederherstellung der deutschen Einheit wird kommen...

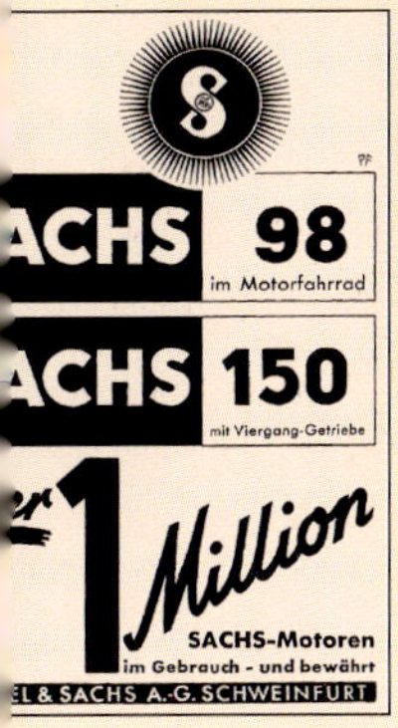

Neue Schlagzeilen kommen derweilen wieder aus Amerika: Howard H. Aiken nimmt an der Harvard-Universität in Cambridge den Großrechner MARK III in Betrieb. Dieser Rechner soll mit seinen 2000 Relais, 1300 Dioden und über 5000 Elektronenröhren erheblich schneller sein als sein Vorgänger Mark II. Über Magnetbänder werden Programme und Daten eingelesen, und ein Magnettrommelspeicher bildet die Zentraleinheit.
Daß hier aber längst noch kein Ende erreicht ist, sondern alles noch am Anfang steht, zeigen wesentlich schnellere Magnetspeicher, entwickelt von W. N. Papian, ebenfalls in Cambridge. Winzige ringförmige Keramikmagnete bilden die Basiseinheit eines digitalen Datenflusses und sind in der Lage, ein Bit zu speichern.
Unter der Bezeichnung „Bandringkerne" entwickelt auch die Firma „Vacuumschmelze" aus Hanau ähnliche Schalt- und Speicherbausteine.

Hessens Metaller streiken! Erst am 24. September kann der vierwöchige Streik nach einer Einigung mit den Arbeitgebern beendet werden. Die Tariflöhne werden durchschnittlich um 3 Pf je Stunde erhöht. Dazu gibt es eine Sozialzugabe von 1 Pf je Stunde für jeden Hausstand und weitere 2 Pf für jedes Kind.
Dies ergibt ein Mehreinkommen für eine Familie mit zwei Kindern von rund 15 DM je Monat.
Wollen wir nur hoffen, daß hier nicht der Wohlstand ausbricht.
Daneben klingen die Transitgebühren fast wie Almosen, die wir Bundesbürger seit dem 1. September an den DDR-Staat zahlen dürfen, wollen wir auf unseren ehemaligen Straßen nach Westberlin reisen: Ein Motorradfahrer hat 8 DM, ein Pkw-Fahrer 10 DM, und der Fahrer eines schweren Lastwagens bis zu 50 DM zu bezahlen.

Zum Ende des Monats werden Umfrageergebnisse bekantgegeben, wie unsere Bevölkerung mit den Entscheidungen unserer Regierung und des Kanzlers umgeht. Hier kommt sehr deutlich zum Ausdruck, daß die Politik des Kanzlers sehr kritisch bewertet wird. Kurz gesagt, viele unserer Bürger sind mit den getroffenen Entscheidungen nicht einverstanden.

Erinnern wir uns noch an den auf der IAA neu vorgestellten Mercedes Typ 300, der unserem Bundeskanzler so gefallen hat? Dieser Wagen kann nun auch als sportliche, zweitürige Variante in Cabriolet-Ausführung bestellt werden. Der Öffentlichkeit erstmals vorgestellt wird der Wagen auf dem Automobil-Salon in Paris, der am 4. Oktober seine Pforten öffnet.

Quellen:

Für die Erstellung einer Chronik in diesem Umfang ist natürlich die Unterstützung weiterer Mithelfer, ja sogar von Firmen und deren Mitarbeiter notwendig. Deshalb ein ganz besonderes Dankeschön an die nachfolgend genannten Firmen und deren Mitarbeitern:

Auto Union GmbH, Herrn L. Franz, Ingolstadt,

BMW Mobile Tradition, Frau A. Schultz, München,

Daimler-Chrysler Kommunikation,
Herrn D. Ritter, Stuttgart,

Daimler-Chrysler Archiv, Herrn Dillenberg, Stuttgart,

Ford-Werke AG Öffentlichkeitsarbeit,
Herrn H. Oliviero, Köln,

Adam Opel AG Öffentlichkeitsarbeit,
Herrn E. P. Berresheim, Rüsselsheim,

Porsche AG Historisches Archiv,
Herrn K. Parr, Stuttgart.

Sie alle standen mit dem entsprechenden Bild- und Textmaterial hilfreich zur Seite.

Deshalb an dieser Stelle auch folgende Anmerkung: Alle in dem Artikel abgedruckten markenbezogenen Bilder und Fotos sind Werksbilder, also Eigentum der jeweiligen Firmen, die sie freundlicherweise zur Verfügung stellten.

Ferner ein herzliches Dankeschön an den

Süddeutscher Verlag, Bilderdienst,
Frau G. Rapolder, München,

Stern, das Deutsche Magazin, Frau Repp-Gulow, Hamburg,

Picture Press, Bild- u. Textagentur, Hamburg,

für die Zurverfügungstellung weiterer Bilder.

Als weitere Info-Quellen dürfen noch genannt werden:

Automobiltechnische Zeitschriften der Franck'schen Verlagsbuchhandlung, Stuttgart,

Illustrierte Chronik der Daimler-Benz AG, 1998,

Chronik 1951, Chronik Verlag, Dortmund, 1990,

Konrad Adenauer, Erinnerungen 1945 bis 1953,

Das neue Universum, Jahrbuch 1951,
Union Deutsche Verlagsgesellschaft, Stuttgart,

Orion, Naturwissenschaftlich-technische Zeitschrift für Jedermann, Jahrbuch 1951,

Verlag S. Lux, Murnau bei München,

Enzyklopädie des Automobiles, 1990,
Orbis Publishing Ltd. London,

Der Bundesdeutsche lacht, 1955,
Steingrüben-Verlag Stuttgart,

Allgemeine Deutsche Wappenrolle,
Wappen-Herold, Berlin.

Fester Bestandteil des Jahrbuches 2001,
Der Schlepper im Rückblick.

Themenauswahl und Layout: Kurt Häfner
Lektor: Siegfried Fischer

In nur fünf Monaten stampft die Opel AG in unmittelbarer Nachbarschaft des Werksgeländes eine neue 150 000 qm große Teststrecke aus dem Boden: die Opel-Prüfbahn. Sie gilt als moderne Nachfolgerin der 1924 errichteten Opel-Rennbahn und deckt alle im Straßenverkehr vorkommenden Beläge und Situationen ab. Ob Feinpflaster, Grobpflaster, Höckerbahn, Querwellenstrecke, Balkenstrecke oder Schotterstrecke, Sand-, Wasser- oder Schlaglochstraße, Steilstrecke oder Hügelkette, alle Arten sind vorhanden und liefern wertvolle Informationen bei Tests an Karosserie, Fahrwerk und Federung. Opel besitzt damit die einzige derartige Anlage in Deutschland, deren Effekt selbst von einer hervorragenden Versuchsstrecke wie dem Nürburgring nicht erreicht werden kann.

Der 1. November wird zum Trauertag der Hanomag in Hannover. Hanomag, im Pkw-Bau und Klein-Lkw-Bau, vor allem aber in der Landwirtschaft und dem Schlepperbau bekannt, verliert das stellvertretende Mitglied des Vorstandes, Dr. Ing. Franz Ehlers. Er verstarb plötzlich und unerwartet, noch bevor er das 50. Lebensjahr erreichen konnte.
Franz Ehlers besuchte die Technische Hochschule Hannover und assistierte anschließend am Lehrstuhl für mechanische Technologie und Landmaschinenbau. 1927 wechselte er zu Lanz nach Mannheim, wo

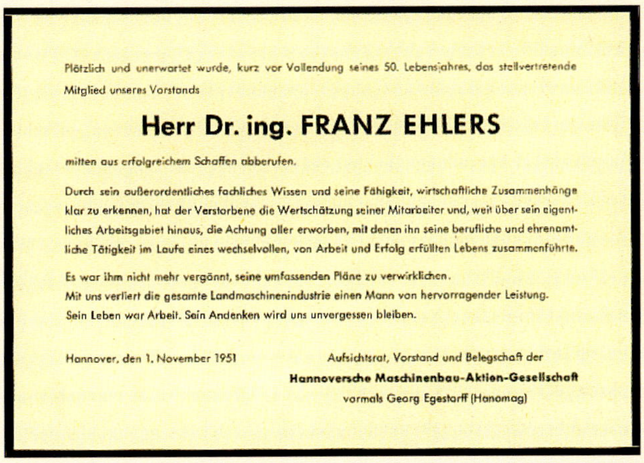

Plötzlich und unerwartet wurde, kurz vor Vollendung seines 50. Lebensjahres, das stellvertretende Mitglied unseres Vorstands

Herr Dr. ing. FRANZ EHLERS

mitten aus erfolgreichem Schaffen abberufen.

Durch sein außerordentliches fachliches Wissen und seine Fähigkeit, wirtschaftliche Zusammenhänge klar zu erkennen, hat der Verstorbene die Wertschätzung seiner Mitarbeiter und, weit über sein eigentliches Arbeitsgebiet hinaus, die Achtung aller erworben, mit denen ihn seine berufliche und ehrenamtliche Tätigkeit im Laufe eines wechselvollen, von Arbeit und Erfolg erfüllten Lebens zusammenführte.

Es war ihm nicht mehr vergönnt, seine umfassenden Pläne zu verwirklichen.
Mit uns verliert die gesamte Landmaschinenindustrie einen Mann von hervorragender Leistung.
Sein Leben war Arbeit. Sein Andenken wird uns unvergessen bleiben.

Hannover, den 1. November 1951

Aufsichtsrat, Vorstand und Belegschaft der
Hannoversche Maschinenbau-Aktien-Gesellschaft
vormals Georg Egestorff (Hanomag)

er ab 1938 dem Vorstand angehörte. Nach Kriegsende wirkte er für drei Jahre als technischer Geschäftsführer bei der Impert-Generatoren-GmbH in Köln, bevor er wieder zurück nach Hannover, zur Hanomag, wechselte. Hier leitete er Entwicklung, Konstruktion und Versuch der Dieselmotoren, sowie den Rad- und Kettenschlepperbau. Stark geprägt vom einfachen Lanz-Zweitaktmotor, führte er auch bei Hanomag den Zweitakt-Dieselmotor ein, der nicht nur im Kettenschlepper, sondern auch im Kleinschlepperbau als schnelllaufender Diesel Verwendung fand.
Daneben wirkte er als Vorstandsmitglied des „Kuratorium für Technik in der Landwirtschaft", kurz KTL. Zu Recht galt er mit seinen überragenden Leistungen und Fähigkeiten als einer der bedeutenden Pioniere bei der Mechanisierung unserer deutschen Landwirtschaft.
Der November beschert uns auch den „Internationalen Autosalon Berlin". Da aber erst fünf Monate seit der IAA in Frankfurt vergangen sind, dürfen keine großartigen Neuheiten erwartet werden. Also auch kein Grund, großartig darüber zu berichten. Nur eine Ausnahme: der neue Elsbett-Dieselmotor für leichtere Lastwagen. Das Außergewöhnliche an diesem 50-PS-Vierzylinder-Motor ist die Bauart, denn die Zylinder sind sternförmig angebaut. Sie verraten damit, daß der Konstrukteur im Flugzeug-Motorenbau gearbeitet haben muß. Und tatsächlich, ein kurzes Nachhaken verrät, daß sein früherer Arbeitsplatz bei Junkers war.
Dieser neuartige Elsbett-Diesel schöpft seine Leistung aus 1,98 l Hubraum, die aus 88 mm Bohrung und 83 mm

Hub resultieren und bei 2000 Umdrehungen in der Minute entstehen.
Am 17. November wird in Hannover der „Bund der vertriebenen Deutschen" mit rund 10 Mio. Mitgliedern gegründet. Dies entspricht 80% der Heimatvertriebenen, die sich mit der Mitgliedschaft in dieser Dachorganisation eine bessere Versorgung und eine schnellere Regelung des Lastenausgleichs erhoffen. Bundeskanzler Adenauer verspricht bei seiner Ansprache, sich bei der bevorstehenden Außenministerkonferenz in Paris ausdrücklich für die Rückgewinnung der verlorenen deutschen Ostgebiete einzusetzen.
Am 9. Dezember sind 4,2 Mio. Wähler zur Abstimmung für oder gegen den „Südweststaat" aufgerufen. In einer Neuordnung soll aus Württemberg-Baden, Württemberg-Hohenzollern und Baden (Süd) der neue Südweststaat Baden-Württemberg entstehen. Nach heftigen

Kontroversen im Vorfeld spricht sich die Mehrheit für die Gründung dieses Staates aus. Die Wahlbezirke geben nachstehende Ergebnisse bekannt: Nordwürttemberg 93,5%, Südwürttemberg 91,4%, Nordbaden 57,1%, Südbaden 37,8%.
In Hamburg wurde derweil das erste DRIVE IN eröffnet; ein Imbiss-Stand für den Autofahrer. Hier ist „bestellen und verzehren ohne auszusteigen" gewünscht. Wiederum eine Idee aus dem fernen Amerika.
Sorgen oder Genuß? Eine Statistik gibt bekannt, daß sich Deutschlands Verbraucher wieder öfters ein Gläschen Wein gönnen. So stieg der Pro-Kopf-Verbrauch gemessen am Vorjahr von 3 auf 5 Liter. Nachdenklich stimmt der Name, den unsere Weinbauern für ihren Jahrgangswein aussuchten: sie nannten ihn „Sorgentöter".

Damit wollen wir das Jahr 1951 beschließen, die kleine Rückschau beenden und hoffen, es hat Spaß gemacht. Ein Gläschen Sekt, die besten Wünsche für ein gesundes und erfolgreiches 1952. Doch halt, das eine darf nicht vergessen werden:
die beliebtesten Vornamen, die unsere Eltern für uns Kinder ausgesucht haben. Bei den Buben sind es Wolfgang, Klaus und Peter, bei den Mädchen Ursula, Renate und Ingrid. Das muß man einfach wissen, denn auch im neuen Jahr werden wieder Namen gesucht und gebraucht.

ISBN 3-7843-3028-2

Ob am Heck, an der Front, oder an Heck und Front, ob zur täglichen Futtervorlage oder zur Heuernte, die Trommel- und Scheibenmähertechniken sind nicht mehr wegzudenken.

Fortsetzung von Seite 64

seinem störungs- und verstopfungsfreien Betrieb waren von nun an Flächenleistungen möglich geworden, von denen man zuvor nicht zu träumen gewagt hätte.
Obwohl sein Einsatz in den Anfangsjahren wegen mangelnder Unfallsicherheit nicht unproblematisch war, verdrängte das Rotationsmähwerk den Mähbalken in den folgenden Jahrzehnten nahezu vollständig. Nur in steilen Hanglagen, wo der Einsatz „schwerer Schlepper“ nicht möglich ist, kann bis heute nicht auf das Fingerbalken- oder Doppelmessermähwerk verzichtet werden.
In der ehemaligen DDR hatte sich das Prinzip des Fingerbalken- und Doppelmesserschnitts auch nach der Einführung des Schwadmähers ab 55 PS Leistung beim E 301 für den Einsatz im Großbetrieb bis Ende der 80er Jahre halten können. Erst die Verteuerung oder gar das Fehlen von Arbeitskräften in der Nachwendezeit führten auch dort zum Siegeszug des Rotationsmähers.
Heute sind Trommel- und Scheibenmäher die gängigen Vertreter des Roationsprinzips. Mit Arbeitsbreiten von 1,60 m bis 3 m sind sie für den Front- oder Heckanbau am Schlepper geeignet. Gezogene Mähwerke, genauso wie ganze Mähkombinationen bis zu 9 m Arbeitsbreite, werden den zunehmenden Anforderungen im Großflächeneinsatz gerecht.
Rotationsmähwerke, mit Walzen- oder Schlagleistenaufbereitern kombiniert, lassen das Mähgut mit einer Zeitersparnis von bis zu 12 Stunden schneller zu Heu werden.
Selbstfahrende Großflächenmäher, wie sie neben Fortschritt von Firmen wie Deutz-Fahr und Krone in den letzten Jahren eingeführt wurden, lassen einen weiteren Rationalisierungsschub in der Mähtechnik erkennen.
Die Mechanisierung des Grasschnitts kennt noch kein Ende. ■

Um die ständig weniger werdende Zeit unserer Landwirte zu kompensieren, werden die Maschinen immer leistungsfähiger: Hier der Big M von Krone, der, erstmals am 17. Dez. 98 vom Band gelaufen, bereits wenige Monate später mit 315 Hektar in nur 24 Stunden einen Weltrekord schaffte.

Diese Bilder stellte uns freundlicherweise die Firma Krone zur Verfügung.

Krone Big M beim mähen.

Es war 1990:

Ein Besuch bei MF, in Beauvais, Frankreich

Eindrücke einer Werksbesichtigung bei Massey-Ferguson

Von Horst Weingart

Natürlich liegt es schon ein paar Jahre zurück, als ich die Möglichkeit hatte, das Werk von Massey-Ferguson in Beauvais in Frankreich zu besichtigen. Denn es war 1990, zu der Zeit, als die 3000er-Traktoren-Serie gebaut wurde. Dennoch erinnert man sich auch noch heute an viele Begebenheiten und Einzelheiten, die damals geprägt wurden und bis heute einen bleibenden Eindruck hinterlassen haben.

Die Reise erfolgte mit dem Bus ab Webenheim. Nach einer mehrstündigen Fahrt und einer Pause, in der sich die mitfahrenden bayerischen Landsleute ihre Brotzeit nicht nehmen ließen, erreichten wir das großflächig angelegte Werksgelände von Massey-Ferguson.

Beim Betreten des Eingangsbereiches waren Vergangenheit und Gegenwart gegenwärtig. Ein Kontrast, der seinen besonderen Reiz hatte. Auf der einen Seite die modernen Werkshallen mit ihrer sachlich klaren Linienführung, davor eine Reihe von Schleppern der neuen, modernen 3000er-Traktoren-Serie, und gegenüber auf einem Grashügel ein Massey-Harris-Veteran in seiner 1930 verwendeten Technik, der auf uns eher urig wirkte.

Dieser Schlepper vom Typ „GP“, sprich General Purpose-Tractor, war schon damals als Allradschlepper konzipiert. Ausgerüstet mit einem Vierzylinder-„Hercules“-Motor, reichte aber die Leistung nicht immer aus, um den schwerfälligen Schlepper optimal zu bewegen. Ein Grund für amerikanische Farmer, eine kleine Stückzahl dieser Schlepper mit einem 5,6-l-Sechszylinder-Motor desselben Herstellers auszurüsten.

Der eigentliche Werksbesuch begann in einer Vorhalle, wo wir kurz über die neue, derzeit gebaute

Vor der Werkshalle in Beauvais: ein Massey-Harris Typ GP aus dem Jahre 1930 mit Allradantrieb, Eisenbereifung und Hercules-Vierzylindermotor.

Schlepperreihe, die 3000er-Serie, informiert wurden. Dazu reichte man uns einen kleinen, schmackhaften Imbiss.
Vor dem Rundgang erhielt noch jeder Besucher einen Kopfhörer, um während des Rundgangs den Erläuterungen des technischen Leiters aufmerksam folgen zu können. Dann besichtigten wir eine in einem Vorraum aufgebaute kleine Infoabteilung, bestückt mit Ersatzteilen und Zubehör aller Art. Auffallend platziert war ein Schnittmodell der neuen Perkins-Motorenreihe, das einen Blick in das Innenleben eines Motors gestattete. Die modernen MF-Traktoren der heutigen Zeit sind, für alle, die es nicht wissen sollten, mit Perkins-Dieselmotoren ausgerüstet, auch kommen ab 160 PS die Valmet-Motoren der 6er-Baureihe zum Einsatz.
Vom Band lief während der Besichtigung der Typ 3650, der als „Goldschlepper" bezeichnete Traktor der 3000er-Serie. Bereits 1987 wurde Konzept und Bauart dieses Traktors auf Europas größter Landmaschinen-Ausstellung mit einer Goldmedaille ausgezeichnet, es war auf der „Sima" in Paris. Massey-Ferguson zeigte damals die neuen Modelle mit weiteren technischen Neuerungen und Verbesserungen. Man denke nur an die EHR-Konsole zum Bedienen der Hydraulik, oder an die Autotronic, die im Gegensatz zur Datatronic nicht auf Wunsch und gegen Aufpreis, sondern serienmäßig zum Einbau kam. Mit diesem Gesamtkonzept setzte diese Firma neue Maßstäbe im modernen Traktorenbau.
Dann fiel ein aufwendig gestaltetes Schnittmodell der Hinterachseinheit samt Hydraulikanlage und Getriebe ins Auge. Mittels eines Elektromotors erweckte man das Modell zum Leben und zeigte so in eindrucksvoller Weise Funktion und Zusammenspiel der einzelnen Bauteile und Baugruppen. Deutlich zu erkennen auch die schnörkellose Blockbauweise dieser neuen Serie. Ebenfalls wird dem fachmännischen Betrachter eine reparaturfreundliche Bremsanlage der innenliegenden Scheibenbremsen samt Achstrichter und Steckachse vermittelt.
Weiter ging es entlang des Montagebandes, den Monteuren über die Schulter schauend, hin zur Getriebeabteilung. Hier die Fertigung der einzelnen Zahnräder, von Getriebewellen und sonstigen Bauteilen, deren Herstellung fast vollautomatisch erfolgte. Immer wieder wurden wir dabei auf Kontrollen der Teile aufmerksam gemacht, denn eine ständige Qualitätskontrolle ist der Garant dafür, dass sich im späteren Einsatz der Schlepper „als Ganzes" bewährt.
Der Geruch von heißem Öl lag in der Luft, als wir uns dem Getriebeprüfstand näherten. Hier wurde das komplett montierte Getriebe mit seinen elektrohydraulisch geschalteten Funktionsabläufen getestet.

Dieses besonders anmutige Schnittmodell zeigt den Rumpf eines Typ 3600.
Mittels eines Elektromotors werden die Bewegungsabläufe ersichtlich.

Auch dieses Schnittmodell ist sehr ansprechend dargestellt. Es zeigt einen Perkins-Vierzylinder-Dieselmotor aus der 300er-Serie.

Bevor wir die Montage erreichten, noch ein Blick auf ein Getriebe mit nebenliegenden Innenteilen. Darüber recht anschaulich das Getriebeschema.

Ganz in der Nähe, auf einem Tisch, war ein Schnittmodell zusammen mit weiteren einzelnen Teilen der verschiedenen Schaltgruppen zu sehen. Auch hier wurde uns Besuchern in eindrucksvoller Weise der Gesamtkomplex „Getriebe" vor Augen geführt. Zum noch besseren Verständnis war über dem Schnittmodell eine Schautafel angebracht, aus der die Wege der Kraftflüsse in den einzelnen Gängen ersichtlich waren.

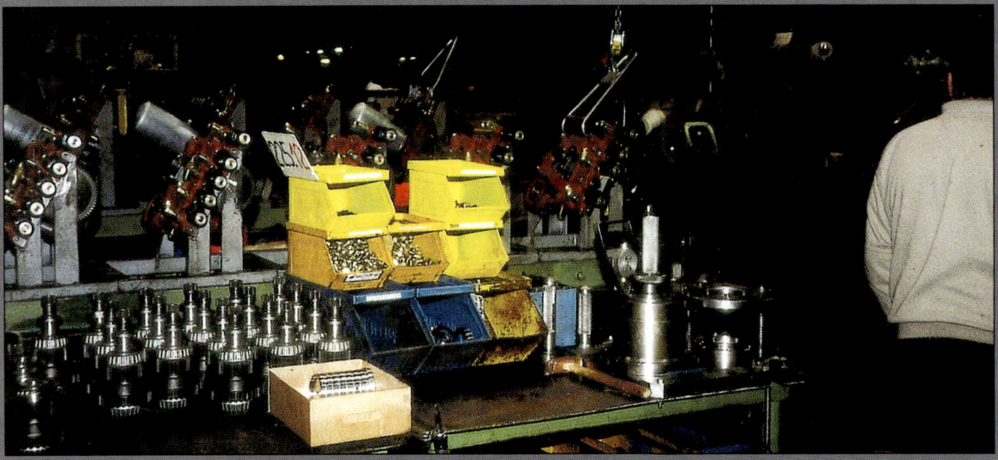

Hier die Montage: Im Vordergrund sind die ersten Getriebeteile zu erkennen, die anschließend in das Getriebegehäuse eingebaut werden. Dahinter das Herz der Hydraulik; die Grundplatte mit Nieder- und Hochdruckpumpe und den Magnetsteuerventilen. Auch der Ölfilter ist zu erkennen.

Das Getriebehinterteil ist fertig. Mit ihm verflanscht sind auch schon der Kraftheber samt Hydraulikblock, und die Achstrichter mit den Steckwellen.

Der „Block" ist fertig. Er besteht aus dem Getriebehinterteil, dem Schaltgetriebe und der Kupplung, dem Motor (hier im Bild noch mit grauer Farbe) und dem Vorderachsträger.

Auf den „Block" wird die Fahrerkabine gesetzt, dann kommt die Motorverkleidung, gefolgt von den Rädern. Doch sie fehlen auf diesem Bild noch.

So ging es entlang der Fertigungsstraße. Immer wieder waren links und rechts davon auf Tischen Teile gelagert, die dann später in irgendeinem Schlepper ihren Dienst verrichten.
Beispielsweise führte uns der Weg an einem Montagetisch vorbei, auf dem einzelne Seitendeckel mit einer Hydraulik-Doppelpumpe, ein Ölfilter und fünf Magnetventile für die verschiedenen Funktionen gelagert waren.
Etwas weiter stand dann eine komplett montierte Hinterachse, noch unlackiert. An ihr waren die einzelnen Baugruppen, aus denen man sie zusammengeschraubt hatte, recht gut zu erkennen.
Bevor nun der komplette „Schlepperblock" in die vollautomatische Lackieranlage eingefahren wurde, warfen wir noch einen letzten Blick auf ihn. Auch hier recht gut zu erkennen die einzelnen Baugruppen, wie Hinterachse, Getriebe, Motor und Vorderachsbock, die sich zum Teil farblich noch unterschieden.
Hatte der Schlepperblock die Lackieranlage verlassen, wurde die Kabine aufgebaut. Sie schwebte von oben herab, und setzte passgenau auf dem Rumpf auf. Sie war schon fertig lackiert und montiert. Deshalb war auf der Seite auch der Schriftzug „autotronic" zu lesen. Er sagt aus, dass dieser Schlepper mit folgenden Funktionen ausgerüstet ist:

- Überwachung des Schaltvorgangs und der Anlaufphase der Zapfwelle, besonders beim Anbau eines „schweren Gerätes".
- Sicheres Bremsen bei der Vierradbremse.
- Der Frontantrieb wird bei einer Geschwindigkeit von mehr als 14 km/h abgeschaltet und bei Unterschreitung automatisch wieder zugeschaltet.
- Automatisches Zuschalten des Vorderradantriebes bei Bremsbetätigung.
- Automatische Überwachung der Gruppenschaltung in den Fahrgeschwindigkeitsbereichen. Einschalten der Differentialsperren per Knopfdruck und automatischem Ab- und Zuschalten beim Heben und Senken der Hydraulik. Eine automatische Startsicherung ist eingebaut.

Danach kamen die Blechverkleidungen und die Räder zum Anbau, sodass der Schlepper recht schnell sein endgültiges Aussehen erreichte.
Letzte Station in dieser Reihe war dann noch die letzte Kontrolle, die Endabnahme und der Test auf dem Rollenprüfstand. Hier sollte nochmals geprüft werden, ob wirklich alle Teile ordnungsgemäß angebaut sind und ob alle Funktionen gegeben sind. Ob die Bremsen funktionieren, ob die Lichter gehen, ob sich das Getriebe richtig schalten lässt, und und und ...
Dann kam der gemütliche Teil, der mir in besonders guter Erinnerung blieb: das gute und mehrgängige Abschlussessen. Wer die französische Küche kennt, wird darüber nicht verwundert sein, wenn ich fast behaupte, dass sich das Abendessen länger hinzog als der eigentliche Werksbesuch. ■

So sieht er fertig montiert aus: Ein Werbeprospekt zeigt den größten Traktor der 3000er Serie, der Typ 3650 mit 150 PS. Er konnte der Firma MF mehrmals „Gold" einfahren, und darf deshalb auch „Goldschlepper" genannt werden.

Ein Abzugbild für Sammler und Liebhaber: 4 x Gold, Massey-Ferguson.

Robuste Schlepper aus dem Flachland

Ritscher von 1920 bis zum Ende der fünfziger Jahre.

Von Jörg Holst

Der Gründer der Firma Ritscher, Karl Ritscher, war ein Pionier im deutschen Schlepperbau. Er war mit robusten und erfolgreichen, aber auch mit weniger erfolgreichen Schlepperkonstruktionen und Modellen auf dem Markt vertreten.

Karl Ritscher wurde am 19. Februar 1896 geboren. Der Vater Heinrich Wilhelm Ritscher (*05. Februar 1869, +29. November 1918) war Besitzer einer Werft auf dem Gelände Moorburg Nr. 60.
Als Karl Ritscher 18 Jahre alt war, ging er nach Amerika, um dort die englische Sprache zu erlernen, da er später in Deutschland Marine-Ingenieur studieren wollte. Da aber inzwischen der Erste Weltkrieg ausgebrochen war, war eine Rückkehr nach Deutschland unmöglich geworden. In Amerika entschied er sich für ein Studium im landwirtschaftlichen Ingenieurwesen. Er lernte dabei die Rad- und Kettenschlepper der Firma „The Cleveland Tractor Company" aus Cleveland im Bundesstaat Ohio kennen. 1919 kam Ritscher nach Deutschland zurück. Sein Vater war inzwischen gestorben, und er mußte die Geschäfte des Vaters weiterführen.

Der Typ E wurde als verbesserter Nachfolger des Typ M ab Mitte der zwanziger Jahre angeboten.

Der Schlepperbau ließ ihn allerdings nicht los, und so konstruierte er zusammen mit einem früheren Studienkameraden einen Kettenschlepper. Dabei waren ihm die bei Cleveland gesammelten Erfahrungen sehr nützlich, denn in Deutschland stand der Kettenschlepperbau erst am Anfang seiner Entwicklung. Harte Arbeit machte es möglich, daß bereits 1920 der erste Kettenschlepper auf seinen eigenen zwei Antriebsketten stehen konnte. Es war der Typ „Panter, der mit einem 20 PS starken Vergasermotor der „Deumo-Motorwerke" ausgerüstet war. Das Getriebe, eine eigene Konstruktion, bot drei Vorwärtsgänge und einen Rückwärtsgang.
Als weitere, verbesserte Ausführung entstand 1921 die zweite Raupenschlepper-Konstruktion, die den Beinamen „Graue Laus" bekam.

Die „Graue Laus", der bessere Nachfolger

Zum Einbau kam wiederum ein 20 PS starker Vergasermotor, der ebenfalls von den „Deumo-Motorwerken" bezogen wurde. Dieser Kettenschlepper trug zum ersten Mal den Schriftzug „MTW", als Kürzel für „Moorburger Trecker-Werke". Er konnte in dieser Ausführung bis ins Jahr 1924 gebaut werden, bevor er dann vom verbesserten Nachfolger, dem Typ „M" abgelöst wurde. Diesmal handelte es sich um einen 27 PS starken Kettenschlepper, der mit einem Kämper-Vergasermotor ausgerüstet war. Der Motor vom Typ „PM 90/100" hatte einen Hubraum von 3,5 l und erbrachte bei 1050 Umdrehungen in der Minute eine Leistung von 27 PS. Allerdings begrenzte man die Drehzahl auf 950 U/min, wodurch die Leistung auf knapp 25 PS gesenkt wurde. Und es kam wieder ein Getriebe mit drei Vorwertsgängen und einem Rückwärtsgang zum Einbau. Der Kettenschlepper erreichte eine Höchstgeschwindigkeit von 6,4 km/h. Er eignete sich auch als Antrieb von Dreschmaschinen, Häckslern usw., denn dafür war eine Riemenscheibe vor dem Kühler vorhanden, der direkt von der Kurbelwelle angetrieben wurde. Der Typ „M" war mit einem Gewicht von 2 000 kg rund 1 300 kg leichter als beispielsweise der Kettenschlepper Typ Z 25 von der Hanomag, der mit seinen 25 PS rund 3 300 kg auf die Waage brachte.

Der Ritscher-Kettenschlepper wurde damals für 7 900.– Reichsmark zum Kauf angeboten.
Als Nachfolgemodell des Typ „M" wurde der Typ „E" entwickelt. Er war rund 30 cm länger, um bei schweren Zugarbeiten ein Aufbäumen zu verhindern, was man seinem zu leicht gebauten Vorgänger oft nachsagte. Auch den Motor setzte man weiter nach vorne. Ansonsten glich er vollkommen seinem Vorgänger.
Der Typ „E" wiederum wurde vom verbesserten Typ „D" abgelöst, der ab 1930 gebaut wurde. Ihm wurde ein 36 PS starker Vergasermotor der Firma Kämper eingebaut. Auf Wunsch konnte er aber auch mit einem Dieselmotor desselben Herstellers mit 36/42 PS Leistung geliefert werden.
Außerdem konnte ein Zwischengetriebe mit 6 Vorwärts- und 2 Rückwärtsgängen eingebaut werden, woraus sich dann der Typ „Dg" entwickelte. Der Typ „D" hingegen verfügte über nur 3 Vorwärtsgänge und nur einen Rückwärtsgang.
Mit diesen Raupenschlepper-Konstruktionen endete im Jahre 1931 der Kettenschlepperbau bei Ritscher. Insgesamt wurden über 100 Raupenschlepper verkauft. Eine Ausnahme gab es allerdings doch. Und zwar den Prototyp „R 50", der 50 PS bei 1 350 U/min leistete und 1942 gebaut worden war. Statt dessen verlegte man sich auf die Entwicklung eines Dreiradschleppers, der im Oktober 1936 erstmals auf dem Werksgelände aus eigener Kraft fahren konnte.

Erster Dreirad-Schlepper wird entwickelt

Der Dreiradschlepper vom Typ „N" wurde von einem wassergekühlten Einzylinder-Dieselmotor Typ F 10 B, wiederum von Kämper, angetrieben. Bei einer Drehzahl von 1 500 U/min und einem Hubraum von 1,2 Liter leistete er 12 PS. Verschraubt wurde der Motor mit einem Getriebe eigener Konstruktion, das über drei Vorwärtsgänge und

Der Ritscher-Raupenschlepper Typ D verfügt über drei Vorwärtsgänge und einen Rückwärtsgang und wird ab 1930 gebaut.

einen Rückwärtsgang verfügte. Dem Schlepper wurden damit folgende Höchstgeschwindigkeiten ermöglicht:

1. Gang	4,1 km/h,
2. Gang	5,8 km/h,
3. Gang	12,0 km/h
Rückwärts	3,0 km/h

Auch eine Riemenscheibe war im serienmäßigen Lieferumfang, hingegen zählten Zapfwelle und Mähwerk zu den Sonderausrüstungen, die nur gegen Aufpreis erhältlich waren.
Auf der vom 30. Mai bis zum 6. Juni 1937 stattfindenden Reichsnährstands-Schau in München erregte die Ritscher-Dreiradkonstruktion dann doch einiges Aufsehen, denn nicht alle Tage gab es bei uns in Deutschland so einen ausgefallenen Schlepper zu sehen. Bei der Firma Ritscher hielt man indessen an dieser Konstruktion fest und so konnte bereits 1938 ein neuer Dreiradschlepper vorgestellt werden: der Typ „N 14". Äußerlich unterschied sich der neue Schlepper von seinem Vorgänger durch eine Blechverkleidung, die man vor den Kühler setzte. Sie gab ihm ein schnittiges und modernes Aussehen. Und da der Wunsch nach

Fortsetzung Seite 89

Der mit einem Zwischengetriebe ausgestattete Typ DG dagegen bot sechs Vorwärtsgänge und sogar zwei Rückwärtsgänge.

Neues zum lesen und lernen:

Ostalgie der DDR-Schlepper

Aus der Not geboren – Landmaschinen Marke Eigenbau

Das andere Traktorbuch:
Landmaschinen Marke Eigenbau
96 Seiten, 46 Farbfotos, 25,8 x 23,5 cm, Hardcover, DM 39,80, Euro 20,35, öS 291,–, sFr 37,–, Landbuch Verlag Hannover, 2000,
ISBN 3-7842-0590-9

Im Landbuchverlag Hannover ist vor kurzem ein einzigartiger Bildband zu selbstgebauten DDR-Traktoren und ihren stolzen Besitzern erschienen.
In ihm haben die Profi-Fotografen Bernd Hiepe & Erasmus Schröter einen ganz besonderen Teil der DDR-Alltagsgeschichte beleuchtet: das Leben der Klein-Landwirte, die sich – jenseits von Chrom und Chassis – aus vielen Einzelteilen, mit unermesslicher Geduld und erstaunlichem Erfindungsgeist ihre eigenen Schlepper zusammengebaut haben. Ein Kapitel der DDR-Alltagsgeschichte, das nur wenigen bekannt ist. Denn nicht nur der Wartburg und Trabant waren für breite Bevölkerungsschichten unerreichbar, auch Traktoren gehörten lediglich zum Inventar der großen Landwirtschaftlichen Produktionsgenossenschaften. Wie aber konnten die Nebenerwerbslandwirte die Pflugschar betreiben ohne Pferd und Traktor? Wie das Brennholz beschaffen oder die Steine für den geplanten neuen Schuppen oder die Ziegel fürs Dach zusammengetragen?
Einige Tüftler haben aus der Not eine Tugend gemacht. Weil ihnen das Material fehlte, haben sich die findigen Konstrukteure die unterschiedlichsten Geräte und technischen Details durch Tausch oder als Geschenk organisiert und zusammengebastelt – ein Stück Alltagsgeschichte der DDR.

Franz Josef Görtz, Redakteur bei der Frankfurter Allgemeinen Zeitung, hat passend zu den stimmungsvollen Aufnahmen die Entstehungsgeschichten der selbstgebauten Vehikel und die Hintergründe ihrer kreativen Schöpfer erzählt. So resümmiert er:
„Ironie ist die schlechteste Tugend nicht, wenn man es mit dem chronischen Mangel und dem epidemischen Mittelmaß aufzunehmen versucht wie die Konstrukteure solcher Gefährte. Sie sorgt für Gelassenheit, lenkt den Zorn aufs Kreative, macht Grenzen und Gesetze lächerlich, indem sie sie umgeht oder unterläuft: mit Spielwitz und Erfindergeist. Diese Haltung mag sich rebellisch ausnehmen oder respektlos – ohne politische und ökonomischen Eigensinn ist sie nicht denkbar."
Entstanden ist sowohl ein Foto-Kunstwerk als auch ein Geschichtenbuch rund um selbstgebaute Landmaschinen zu DDR-Zeiten.

Ein Buch für Sammler und Liebhaber von Schleppern und technischen Kuriositäten, für Ostalgiker und all die Neugierigen, die einmal hinter den (eisernen) Vorhang der DDR-Alltagskultur schauen wollen.

Tabellenbuch für Landmaschinenmechaniker

Autor: Hermann Meiners
180 Seiten, mit z. T. zweifarbigen Abbildungen,
2. stark überarbeitete Auflage 2000,
15,4 x 21,4 cm, Kartoniert, DM 35,40, Euro 18,10
Verlag Handwerk und Technik, Hamburg,
ISBN 3.582.03294.9

Entsprechend dem Buch „Fachkenntnisse Landmaschinenmechaniker" ist das „Tabellenbuch für Landmaschinenmechaniker" in folgende drei Bereiche unterteilt:

- Technologie
- Technische Mathematik
- Technische Kommunikation

Der Abschnitt Technologie enthält neben Daten und Normen zu Traktoren und Landmaschinen Informationen zu den für die Landmaschinentechnik wesentlichen Vorschriften der Straßenverkehrszulassungsordnung (StVZO) und der Sicherungstechnik.
Im Teil Technische Mathematik sind die Formeln enthalten, die aufgrund des KMK-Rahmenlehrplanes für den Ausbildungsberuf Landmaschinenmechaniker und der Lehrpläne der einzelnen Bundesländer zur Durchführung von Berechnungen zu den einzelnen Lerngebieten der Technologie benötigt werden. Dabei wurde Wert auf die Angabe der Größengleichungen nach DIN 1313 und die Benutzung der SI-Basiseinheiten gemäß DIN 1301 gelegt. Die eingesetzten Formelzeichen entsprechen DIN 1304.
Der Abschnitt Technische Kommunikation enthält eine Auswahl der aufgrund des KMK-Rahmenlehrplanes für den Ausbildungsberuf Landmaschinenmechaniker relevanten Daten und Normen zu folgenden Gebieten:

- Technisches Zeichnen
- Maschinenelemente
- Fertigungstechnik
- Kraftfahrzeugelektrik
- Hydraulik und Pneumatik

Gegenüber der 1. Auflage wurde der Bereich Technologie erheblich erweitert, während im Abschnitt Technische Kommunikation eine Kürzung der ausgewählten Daten und Normen vorgenommen wurde.

einem stärkeren Schlepper laut geworden war, hob man seine Leistung von 12 auf 14 PS an. Ansonsten glich er weitgehend seinem Vorgänger.
Bereits 1939 konnte der 200. Dreiradschlepper ausgeliefert werden und noch im selben Jahr entstand eine weitere Dreirad-Konstruktion, die als Typ „N 20" auf den Markt kam. Angetrieben von einem 20 - 22 PS starken, wassergekühlten Deutz-Motor, Typ F2M 414, der seine Kraft wiederum auf ein Eigenbaugetriebe mit 3 Vorwärtsgängen und 1 Rückwärtsgang abgab. Hier konnten folgende Geschwindigkeiten erreicht werden:

1. Gang	4,1 km/h
2. Gang	5,8 km/h
3. Gang	12,0 km/h

Durch den in den Baumaßen größer geratenen Deutz-Motor vergrößerte sich beim Typ „N 14" auch der Wendekreis von 5 auf 6 m gegenüber dem Vorgänger mit Kämper-Motor.
Für die künftigen Dreiradschlepper konstruierte Ritscher ein neues Getriebe, das von nun an über vier Vorwärtsgänge und einen Rückwärtsgang verfügte. Dieses Getriebe kam 1940 zunächst in dem neuen Typ „320" zum Einbau, womit der Schlepper eine Höchstgeschwindigkeit von bis zu 18,5 km/h in Verbindung mit der Bereifung 9.00 - 24 erreichte. Wiederum angetrieben vom 20/22-PS-Deutz-Motor, erreichte dieses neue Dreirad eine erstaunliche Zugleistung.

Ritscher setzt auf Vierrad-Schlepper

Dieser Dreirad-Schlepper war dann auch die Grundlage zum Bau des ersten Vierrad-Schleppers, der bereits 1941 unter der Typenbezeichnung „420" fertig gestellt werden konnte. Gleichzeitig wurde die Typenbezeichnung umgestellt: Die erste Ziffer stand nun für die Anzahl der Räder, danach folgte die Leistungsangabe:

Typ 320 bedeutet drei Räder, 20 PS,
Typ 420 bedeutet vier Räder, 20 PS.

Wegen des Zweiten Weltkrieges kam die Produktion 1942 völlig zum Erliegen. Bis dahin verließen rund 1 200 Schlepper die Ritscher-Werkshallen in Moorburg.

Bauzeit und Stückzahlen bis zum Zweiten Weltkrieg:

Typ	Bauzeit	Stückzahl
Ritscher-Raupenschlepper	1920–1931	über 100
Ritscher-Dreirad N/N 14	1936–1942	über 800
Ritscher-Dreirad N 20	1939–1942	über 250
Ritscher-Dreirad 320	1941–1942	über 100
Ritscher-Schlepper 420	1941–1942	*
Ritscher-Raupenschlepper (Prototyp)	1942	1

* Produktion des Typs „420" wegen des Krieges ins Jahr 1949 verschoben.

Typ N mit Kämper-Motor

12 PS 1 Zyl. Deutz-Motor

20/22 PS 2 Zyl. Deutz-Motor

22/24 PS 2 Zyl. MWM-Motor

Typ 420 mit 24 PS MWM-Motor

Der erste Vierradschlepper. Er kann seine Herkunft aus der Dreiradfamilie nicht verleugnen.

Trotz der wirtschaftlichen Lage Deutschlands nach dem Zweiten Weltkrieg konnte Ritscher bereits 1946 wieder einige der bewährten Dreiräder vom Typ 320 produzieren. Dann aber, durch die Demontage im Jahre 1947 in der Produktion wieder zurückgeworfen, konnten vorübergehend keine Schlepper mehr gebaut werden. Doch damit nicht genug. Bei Deutz war man noch mit Aufräumarbeiten in dem zu drei Viertel zerstörten Werk beschäftigt und konnte keine Motoren liefern. Dies veranlaßte Ritscher, nach Motoren anderer Hersteller Ausschau zu halten. Fündig wurde Ritscher schliesslich bei den Motoren-Werken Mannheim, kurz MWM. Damit war es möglich, bis zum Jahresende 1948 ingesamt 26 Dreiräder vom Typ 320 mit MWM-Motoren fertigzustellen. Zum Einbau kam der Motor vom Typ KD 215 Z, der bei einer Drehzahl von 1 500 U/min eine Leistung von 22/24 PS abgab.
Zum Jahr 1949 hatte sich die allgemeine Lage wesentlich gebessert, und man war in der Lage, den vor dem Krieg entwickelten Vierradschlepper vom Typ 420 in Serie zu produzieren, allerdings nun mit einem 24-PS-Dieselmotor. Dank einer besonderen Vorderachse erreichte der Schlepper eine Bodenfreiheit von 50 cm. Ansonsten entsprach er im Aufbau weitgehend dem Dreirad-Schlepper vom Typ 320. Sogar die über die Haube führende Lenkwelle wurde beibehalten.
Ende 1949 bekam der Vierradschlepper dann noch einen kleinen Bruder zur Seite gestellt, der als Typ 415 bezeichnet wurde. Der Motor hatte einem Hubraum von 1,2 l und leistete bei 1 500 U/min 15 PS. Von ihm wurden immerhin 16 Exemplare gebaut.
1950 wurden alle bisherigen Ritscher-Schlepper aus dem Programm genommen und dafür ein neues Programm auf die Beine bzw. auf die Räder gestellt. Beginnend mit dem Typ 515 mit 15 PS, gefolgt vom Typ 518 mit 18 PS und dem Typ 525 mit 25 PS. Der Typ 518 war übrigens der erste Schlepper in der Firmengeschichte, der mit einem ZF-Getriebe vom Typ A 9 ausgerüstet war. Da MWM zu der Zeit noch keine 18-PS-Motoren anbieten konnte, griff man auf einen Bauscher-Motor vom Typ TD 18 zurück. Als dann 1951 MWM wieder einen 18 PS starken Motor im Programm hatte, verdrängte er den Bauscher-Motor. Die Typenbezeichnung, die mit der neuen Serie ebenfalls geändert worden war, setzte sich nun aus der Ganganzahl und der Leistungsangabe zusammen:

Typ 525 bedeutet 5 Gänge (4+1) 25 PS

Auf der Hamburger DLG-Ausstellung 1951 stellte Ritscher den Typ 525 WR vor. Hierbei handelte es sich um eine **W**einberg-**R**aupe, die aus dem Typ 525 entwickelt worden war. Doch statt einer Vorderachse hatte man wiederum ein einzelnes Rad verwendet. Man kann also auch von einem

Dreirad-Weinbergraupe kommt, nur zwei Exemplare werden gebaut

Dreirad-Schlepper sprechen, nur waren anstelle der Hinterräder besonders hohe Halbketten angebracht. Damit erreichte das Fahrzeug die beachtliche Bodenfreiheit von 1,10 m. Gelenkt wurde mittels einer ZF-Roßlenkung, die zugekauft wurde. Trotz dieser interessanten und überaus beachtenswerten Konstruktion entstanden lediglich zwei Exemplare. Da auch die MWM ihre Motoren leistungsstärker gestalteten und mit neuen Typenbezeichnungen versahen, flossen diese ebenfalls in das Ritscher-Schlepperprogramm ein. So wurde aus dem MWM-Motoren-Typ KD 415 Z der Typ KDW 415 Z, was eine Leistungssteigerung von 3 PS, also von 25 PS auf 28 PS mit sich brachte. Aus dem Ritscher-Schlepper-Typ 525 wurde so kurzerhand der Typ 528, der ab 1951 gebaut wurde. Die erste Zahl dieser Kombination gab die Anzahl der

Typ 518 mit wassergekühltem 18 PS MWM-Motor

Gänge und die beiden letzten Ziffern die Leistung an, wobei aber immer wieder Abweichungen festzustellen sind. Aus dem Typ 518 wurde im Laufe des Jahres 1952 der Typ 520. Zu dieser Zeit wurde auch der leistungsstärkste Schlepper angeboten, der Typ 540. Sein Herzstück bildete der 40 PS starke MWM-Motor vom Typ KDW 415 D. Ausgerüstet mit einem Fünfganggetriebe eigener Entwicklung konnte man eine Höchstgeschwindigkeit von 20 km/h oder wahlweise bis zu 28,8 km/h erreichen.

Wiederum im Laufe des Jahres 1952 wurde der Typ 515 aus dem Programm genommen, so daß nur noch die Typen 520 mit 20 PS, 528 mit 28 PS und 540 mit 40 PS lieferbar waren. Allerdings war ein Schlepperprogramm mit drei Leistungsklassen zu wenig, um die Kundschaft richtig versorgen zu können. Um diesem Manko entgegenzuwirken, erfuhr die Produktionspalette ab 1953 eine Erweiterung: der 24 PS starke Typ 524 kam hinzu und nur ein Jahr später der 36 PS starke Typ 536. Dazu konnte der Käufer bei diesen beiden Schleppern erstmalig zwischen einem luft- oder wassergekühlten Motor entscheiden. Die Typenbezeichnung wiederum wurde je nach Kühlungsart um ein „L" oder ein „W" erweitert.

L stand für Luftkühlung,
W stand für Wasserkühlung.

Im Laufe des Jahres 1955 wurde das Programm

Typ 520 mit 20-PS-Motor

Typ 520 R mit Ritscher-Getriebe

Typ 524 L

Typ 525

Typ 528

Typ 536

erneut um einen Schlepper erweitet, diesmal in der Leistungsklasse nach unten: der Typ 517. Der von einem Güldner-Motor angetriebene Schlepper besaß eine Leistung von stolzen 17 PS und wurde mit einem ZF-Getriebe Typ A 5/6 mit fünf Vorwärtsgängen und einem Rückwärtsgang ausgerüstet. Der erste Gang war als Kriechgang ausgelegt.
1957 erhielt dieser Schlepper eine neue, längere Motorhaube. Unter der längeren Motorhaube hatte man Platz für Gewichte geschaffen, da er bei Arbeiten mit dem Kraftheber oft zu leicht war. Bei Güldner indessen wurde die Leistung des Motors von 17 PS auf 20 PS durch Drehzahlerhöhung von 2 000 auf 2 200 U/min gesteigert, weshalb aus dem Typ 517 der Typ 620 wurde.
1956 überraschte Ritscher die Fachwelt erneut mit zwei weiteren Schleppertypen: es waren die Typen 832 Junior und 936 Super. Sie lösten den Typ 536 ab. Auch hier stand wahlweise ein wasser- und ein luftgekühlter Motor zur Verfügung. Der 832 Junior leistete 32 PS bei 1 800 U/min und war mit einem A-10-Getriebe von ZF ausgerüstet, das über 8 Vorwärts- und 2 Rückwärtsgänge verfügte. Der 936 Super hingegen leistete 36 – 40 PS und war mit dem ZF-Getriebe A 16 ausgerüstet, das über 8 Vorwärts- und 2 Rückwärtsgänge verfügte. Von beiden Typen konnten etwa 1 000 Exemplare verkauft werden.

Erfolgreichste Schlepper kommen aus dem Programm

Ende der fünfziger Jahre wurden die wohl erfolgreichsten Schlepper, die Typen 524 und 528, von einem völlig neuen Schlepper abgelöst. Es war der Typ Komet R 830. Er leistete 30 PS bei 3 000 U/min. Dieser Motor wog, man höre und staune, nur 180 kg. Zum Einbau kam das ZF-Getriebe Typ A 208, womit eine Höchstgeschwindigkeit von 19,6 km/h, auf Wunsch auch 28,0 km/h erreicht werden konnte. Auch war der Schlepper als Hochrad-Ausführung mit einer Bodenfreiheit von bis zu 60 cm zu erwerben. Allerdings fand der Schlepper bei der Kundschaft wenig Gefallen, so daß höchstwahrscheinlich nur neun Exemplare gefertigt wurden.
Aber damit war bei Ritscher der Schlepperbau noch lange nicht am Ende angelangt. Man denke nur an die zum Teil erfolgreichen Geräteträger, an die Grabenreinigungsmaschinen oder an die berühmten Anbauraupen, die selbst beim Lanz-Bulldog als Zubehör angeboten wurden.
Fortsetzung folgt. ■

An dieser Stelle möchte ich mich bei den Herren Klaus Ehlert und Thorsten Kröger für ihre Hilfe und die Überlassung verschiedener Kettenschlepper-Fotos herzlichst bedanken. Die Angaben im Abschnitt der Ritscher-Kettenschlepper stammen zum Teil aus dem Buch „Ritscher-Schlepper" von Herrn Klaus Tietgens, das ich wärmstens empfehlen kann. Auch ihm gebührt mein Dank.

Oben: Der Komet 830 stammt aus dem Jahr 1960 und ist mit einem 30-PS-MWM-Motor luftgekühlter Bauart ausgerüstet.

Links: Noch stärker war der 832 W von 1957, der über einen wassergekühlten 34-PS-Motor, ebenfalls von MWM, verfügte.

Das sollten Sie wissen,

wenn Sie neu hinzugekommen sind:

Die vorliegende Publikation „Der Schlepper im Rückblick“ ist ein Jahrbuch aus dem Hause der Landwirtschaftsverlag GmbH, 48165 Münster-Hiltrup. Sie erscheint immer Anfang Oktober eines Jahres, inzwischen zum vierten Mal. Viele der neu hinzugekommenen Leser sind bemüht, nach dem Erwerb des aktuellen Buches auch die älteren Ausgaben noch zu erhalten. Dies ist jetzt leider nicht mehr möglich, denn die Ausgaben 1998 und 1999 waren innerhalb weniger Wochen nach Erscheinen vergriffen, obwohl diesem Zustand mit höheren Auflagen entgegenzuwirken versucht wurde. Jetzt noch eine gute Nachricht: Die Ausgabe 2000 ist zur Zeit noch verfügbar. Wenn Sie also zu jenen Lesern zählen, die die älteren Ausgaben besitzen möchten, sichern Sie sich Ihr Jahrbuch 2000, solange dies noch möglich ist.

Dieses Jahrbuch ging aus einer Zeitschrift hervor, mit ursprünglich zweimaliger Erscheinungsweise pro Jahr, insgesamt gibt es sechs Ausgaben. Von diesen Ausgaben sind noch die Hefte 1, 2, 5 und 6 für jeweils DM 10,– zu bekommen.

Bei Bedarf bitte einen V-Scheck an den KMH-Verlag, Kaisersbacher Str. 34, 71540 Murrhardt senden.

Geschichte in Stichworten:

Was war 1961 aktuell?

Zusammengetragen von Michael Karle

Liebe Leser,
hier finden Sie landtechnische Ereignisse, Jubiläen und technische Neuheiten, die es wert sind, wieder ins Gedächtnis gerufen zu werden. Diesmal für Sie ausgewählt: das Jahr 1961.

Vor vierzig Jahren...

... brachte die **MAN** den Schlepper Typ „4P1" auf den Markt. Dieser mit einem Dreizylinder-Dieselmotor mit M-Verfahren ausgestattete Schlepper leistete 35 PS und war mit einem Allradantrieb ausgerüstet. Das Getriebe bot acht Vorwärtsgänge einschließlich Kriechgang und vier Rückwärtsgänge.

MAN 4P1, 35 PS

MF FE 35, 35 PS

Hatz TL 38, 38 PS (SAE)

... bot die Firma **Hatz** GmbH aus Ruhstorf/Rott bei Passau ein breites Schlepperprogramm an. Es waren in der unteren Leistungsklasse die Kleinschlepper vom Typ „TL 11" und „TL 13", beide mit Einzylinder- Dieselmotor ausgerüstet. Der TL 11 leistete 12 PS, der TL 13 dagegen 13 PS. Ferner verfügte der TL 11 neben sechs Vorwärtsgängen über zwei Rückwärtsgänge, während dem TL 13 nur ein Rückwärtsgang zur Verfügung stand. In der Mittelklasse gab es die Zweizylinder-Schlepper vom Typ „TL 17" und „TL 28" mit 17 bzw. 28 PS Leistung, während das Programm nach oben mit den 36-PS-Dreizylinder-Schlepper vom Typ „TL 38" abgeschlossen wurde.

... hatte **Massey-Ferguson** zwei Schleppertypen im Angebot: den 50 PS starken „MF 65" mit „Perkins-Dieselmotor" und „Ferguson-Hydraulik", sowie den altbekannten und bewährten Typ „FE 35" mit 34-PS-Dieselmotor, ebenfalls von Perkins. Daneben bot die Firma eine Vielfalt von Maschinen und Geräten an, wie Beet- und Drehpflüge, Grubber, Eggen, Düngerstreuer, Ballenpressen und Schlegelfeldhäcksler, um nur einige zu nennen. Doch nicht nur das, Massey-Ferguson hatte auch drei Selbstfahrer-Mähdrescher im Programm: den „MD 630", den „MD 685 S" und den „MD 892".

MF-Selbstfahrer 685 S

... nahmen die **Irus**-Werke im württembergischen Dußlingen die Produktion von „Stallmiststreuern" auf. Die Palette umfaßte sechs Einachs-Anhänger mit Nutzlasten zwischen 1,8 und 4 t, und zwei zweiachsige Anhängersteuer mit 3 und 4 t. Das Streuwerk war bei allen Ausführungen gleich und bestand aus vier stehenden Walzen.

... feierte man bei der **Daimler-Benz** AG in Gaggenau die Fertigstellung des 50 000. „Unimog".

... stellte die **John Deere Lanz** AG in Mannheim einen neuen Selbstfahrer-Mähdrescher vor, den Typ „MD 150 S": Er war für den mittleren bäuerlichen Familienbetrieb konzipiert. Der Antrieb wurde von einem 29 PS starken VW-Industriemotor übernommen, der ca. sechs Liter Benzin je Stunde verbrauchte. Die Arbeitsleistung betrug bei 1,80 m Schnittbreite rund 15 Doppelzentner je Stunde beim Mähdrusch und 7,5 Doppelzentner je Hektar beim Standdrusch. Auf Wunsch ließ sich dieser Mähdrescher zusätzlich mit einer Anbaustrohpresse bestücken.

John Deere-Lanz-Selbstfahrer MD 150 S

... waren nach Schätzung des Landwirtschaftsministeriums ca. 76 000 **Mähdrescher** bei uns in Deutschland im Einsatz. Damit wurden rund 50% der Getreidefläche geerntet.

... bot **John Deere-Lanz** für die Futterernte die Hochdruckpresse „214 B/D" sowie die Niederdruckpresse „F 80" an. Auch der noch aus Lanz-Zeiten stammende Kombilader „SL 160", der Schlepper-Rechwender „NR 800" und der Trommelzettwender „ZW 70" waren altbewährte Maschinen, die im Verkaufsprogramm geführt wurden.

JD-Lanz HD-Sammelpresse 214

... hatte die Maschinenfabrik **Bungartz** und Co. in München neben verschiedenen Einachsschleppern und Motorhacken auch zwei Vierrad-Schmalspurschlepper im Programm: den „T5" mit 13 PS sowie den „T6" mit 20 PS.

... gab es bei der Schlepperfabrik **Hermann Lanz Aulendorf** zwei neue Hela-Schlepper: den „D 225" mit 25 PS und den „D 230" mit 30 PS. Beide Schlepper waren mit demselben Hela-Zweizylinder-Dieselmotor ausgerüstet. Um die jeweilige Leistung zu erreichen, drehte der Motor einmal mit 1600 U/min und einmal mit 2000 U/min. Beide

Bungartz T 6, 20 PS

Hela-Diesel D 230, 30 PS

Schlepper hatten dazu ein robustes Getriebe, ebenfalls aus eigener Fertigung. Es bot sechs Vorwärtsgänge, wobei der 1. Gang jeweils als Kriechgang ausgelegt war, sowie zwei Rückwärtsgänge.

... entwickelte die Firma **Gebr. Frank** GmbH aus Meckenheim bei Bonn aus dem „Granit" von Hanomag den Obstbauschlepper Typ „Frank 32". Dieser wendige Schlepper mit einer Spurweite von 1,04 m, die sich im Bedarfsfall auf Normalspur von 1,25 m und Überbreite von 1,50 m verstellen ließ, war für alle Arbeiten in Obstkulturen gedacht. Ein richtiger Schritt in jener Zeit, als sich die Niederstämme im Obstbau immer mehr verbreiteten.

... zeigte **Deutz** den neuen Schmalspurschlepper „D 30 S". Dieser Schlepper basierte auf dem Normalschlepper und wurde für größere Weinbaubetriebe gebaut. Daneben gab es bei Deutz noch den Schmalspurschlepper „D 15", der aber nur für den Export geliefert wurde.

Deutz D 30 S

Frank 32, 32 PS

Schlüter S 50, 50 PS

Hanomag Granit, 32 PS

... brachte die **Hanomag** in Hannover einen neuen Schlepper auf den Markt: den „Granit". Mit diesem Schlepper wurde die 1960 begonnene Typenserie „Brillant" und „Robust" in der unteren Leistungsklasse erweitert. Der Granit hatte einen Dreizylinder-Dieselmotor mit 32 PS. Das Getriebe verfügte über zehn Vorwärts- und zwei Rückwärtsgänge. Die Dreipunkthydraulik gehörte ebenso zur Standardausrüstung wie die Motorzapfwelle mit Doppelkupplung. Als Sonderausrüstung gab es den „Hanomag-Pilot", der automatisch für einen gleichmäßigen Tiefgang des Anbaupfluges sorgte. Ferner standen Frontlader, Mähwerk und ein Verdeck zur Verfügung. Auch eine Seilwinde für den Forstbetrieb war zu erhalten.

Fendt Farmer 2, 34 PS

Porsche Master, 50 PS

... änderte auch die **Schlüter** die Typenbezeichnung des Dreizylinder-Schleppers „S 45" in „S 50" ab. Schon im „S 45" hatte man seit einiger Zeit die Leistung von 45 PS auf 50 PS angehoben, doch als dann das bis dahin verwendete Hurth-Getriebe einem ZF-Getriebe weichen mußte, wurde auch die Typenbezeichnung geändert.

... begann bei der **John Deere Lanz** AG die Fertigung des Raupenschleppers Typ „1010" als Nachfolgemodell des Typs 440. Dieser Raupenschlepper war zwar vorwiegend für die Landwirtschaft vorgesehen, konnte aber auch als Lade- und Planierraupe ausgeliefert werden. Der Dieselmotor, eine John Deere-Entwicklung, leistete 40 PS.

JD-Lanz-Raupe 1010

... feierte **Fendt** in Marktoberdorf die Fertigstellung des 100 000. Fendt-Schleppers. Die Produktion der 14- und 15-PS-Schlepper wurde eingestellt, da nach Auffassung der Firma der Bedarf in dieser Leistungsklasse gesättigt war. In der ff-Schlepperserie gab es nun als kleinsten Typ den „Fix" mit 19 PS, gefolgt vom „Farmer" mit 25 und 34 PS, sowie die zwei „Favorit"-Typen mit 40 und 46 PS Leistung. Außerdem war das „Fendt-Einmannsystem", der 19-PS-Geräteträger mit seinen vielfachen Anbaugeräten im Angebot.

... gliederte die **Porsche-Diesel** ihr Schlepperprogramm neu. Die Neuheit vor allem war der 30 PS starke Zug- und Tragschlepper „Standard-Star".
Bei diesem Schlepper wurde der Motor zur Schwerpunktverlagerung über die Vorderachse nach vorne gezogen und gleichzeitig genügend Raum zwischen den Achsen geschaffen, damit der Schlepper nicht nur für starken Zug, sondern auch für die Anbringung von Zwischenachsgeräten geeignet war.
Neben dem Standard-Star hatte die Porsche-Diesel noch den 20-PS- Tragschlepper „Standard T", sowie den 15-PS-Kleinschlepper „Junior". In der schweren Kategorie stand der „Super L" mit 40 PS, sowie der „Master" mit 50 PS zur Verfügung.

... rüstete die Firma **Claas** die schleppergezogenen Mähdrescher „Junior-Automatic" und „Super-Automatic" mit einer hydraulischen Verstellung von Schneidwerk und Haspel aus, die vom Schlepper aus durch den Fahrer bedient werden konnte. Damit war der Weg zum Einbau von Korntanks frei, wodurch diese gezogenen Maschinen wie ein Selbstfahrer von nur einem Mann bedient werden konnten.

Junior-Automatik

... war der **Fahr-Claeys**-Mähdrescher „M 80" der Neuling in dem fünf Typen umfassenden Selbstfahrer-Programm bei Fahr. Konstruktiv entsprach der M 80 seinem größerem Bruder, dem „M 103". Er war für größere landwirtschaftliche Betriebe und Lohnunternehmen gedacht. Geliefert wurde der bei der Firma Claeys in Holland gebaute Drescher mit einer Arbeitsbreite von 2,50 m. Die stündliche Druschleistung betrug etwa 4 000 kg. Als Antriebsaggregat diente ein Vierzylinder-Dieselmotor mit 51 PS Leistung. Als Sonderausrüstung standen eine zweimalbindende Anbaustrohpresse sowie ein 1 500 Liter umfassender Korntank zur Verfügung.

Fahr Claeys M 80

Fahr Kreiselheuer KH 6

..., im April, wurde bei **Fahr** in Gottmadingen mit der Produktion des „Kreiselheuers" begonnen. Der Kreiselheuer ist ein Produkt, das für diese Bau- und Arbeitsweise inzwischen zum Inbegriff wurde, ähnlich dem Lanz-Bulldog oder auch „cola-Effekt" genannt. Mit dieser Maschine stellte Fahr ein völlig neues Konzept einer Heumaschine vor. Die zunächst gebauten Typen waren der „KH 2" mit 2 Kreisel und der „KH 6" mit 6 Kreisel. Der Kreiselheuer war so konzupiert, daß sich immer zwei Kreisel gegenläufig drehen. Jeder Kreisel verfügte über vier „Arme", an denen die „Doppelzinken" angeschraubt waren. Diese Zinken erfassen das Erntegut und ziehen es nach rückwärts. Mit dem Kreiselheuer kann gezettet, gewendet und schwad- gestreut werden. Diese universelle Einsetzbarkeit führte dazu, daß er bald von vielen Firmen nachgebaut wurde.

... brachte **Claas** den neuen Selbstfahrer-Mähdrescher „Matador" auf den Markt. Mit einer Schnittbreite von 3,60 m paßte er aber nicht mehr auf die deutschen Straßen, von denen damals noch 80 % unter 5 m breit waren. Es waren nur 3 m erlaubt. So konnte er auf dem Feld seine wahre Leistung nicht ausfahren. Der Matador hatte einen Sechszylinder-Dieselmotor mit 87 PS Leistung, der Korntank hatte einen Inhalt von 2 100 Liter und konnte innerhalb von zwei Minuten entleert werden.

Claas-Matador

Fella Trommelzettwender Wiesel

JD-Lanz Kombi-Lader SL 160

... entwickelte man bei **Fella** einen Trommelzettwender mit verstellbaren Zinken, der zum Zetten, Wenden und Schwadstreuen verwendet werden konnte. Er erlaubte eine Arbeitsgeschwindigkeit bis 15 km/h. In Verbindung mit der Arbeitsbreite von 2,20 m ergab dies eine beachtlich große Flächenleistung.

... lieferte die International Harvester Company, kurz **IHC**, ihren bereits im Ausland bewährten „Scheibenschälpflug" nun auch nach Deutschland. Der Scheibenschälpflug konnte wahlweise mit 5, 7 oder 9 Schälscheiben ausgerüstet werden und hatte eine Arbeitstiefe von 5 bis 15 cm. Die Flächenleistung war recht gut und bei normalen Bodenverhältnissen genügte für den Zug ein 20 PS starker Schlepper.

Dechentreiter-Stallmiststreuer

IHC mit Scheibenschälpflug

... brachten die **Amazonenwerke** H. Dreyer in Gaste, Bezirk Osnabrück, einen neuen Kartoffel-Sammelroder vom „Typ S 61" auf den Markt. Diese Maschine konnte mit einer Absackplattform oder mit einem 14 Zentner fassenden Sammelbunker geliefert werden. Die Tagesleistung betrug laut Werksangaben ca. 2 Hektar.

... hatte die Firma **Niedersachsen-Werke** Friedrich Klausing KG in Rabber den Schiebesammler „Heugreif" im Programm. An der Dreipunkthydraulik angebaut, diente er dem Bergen von Heu in Hofnähe. Besonders gerne wurde er in der Gebirgslandwirtschaft verwendet.

... baute die Firma **Cramer** in Leer, Ostfriesland, Zwischenachsgeräte wie Hack- und Häufelgeräte und Sämaschinen, die ohne Abänderungen in den Tragschlepper „133 T" der Firma Fahr paßten.

... war die Niederdruckpresse vom Typ „WSA 350" der Maschinenfabrik **Welger** in Wolfenbüttel die meistgekaufte Aufsammelpresse bei uns in Deutschland.

JD-Lanz Zettwender ZW 70

... stellte **John Deere Lanz**, Mannheim, die von John Deere in Amerika entwickelte Maisdrillmaschine Typ „246" vor. Diese Maschine gestattete bei der für damalige Verhältnisse ungewöhnlichen Arbeitsgeschwindigkeit von bis zu 12 km/h eine absolut sichere und gleichmäßige Saat.

... wurde der bewährte Kombilader „SL 160" von **John Deere-Lanz** „DLG-anerkannt". Diese beliebte Lademaschine war damals mit über 10 000 Exemplaren im Einsatz.

... brachte die Firma Josef **Dechentreiter** im bayerischen Bäumenheim einen „Stallmiststreuer" auf den Markt. Der als Einachser konzipierte Streuer war mit einer Auflaufbremse ausgerüstet und konnte wahlweise mit nur einer oder zwei liegenden oder vier stehenden Streuwalzen geliefert werden.

...lag der **Produktionswert von** den in diesem Jahr im Inland abgesetzten **Schleppern und Landmaschinen** bei 2500 Mio. DM. Bei den Schleppern waren es 1100 Mio., bei den Landmaschinen rund 1 400 Mio. DM.

...am 30. Oktober, lud die Klöckner Humboldt **Deutz** AG mehr als 2 300 Deutz- und Fahr-Landmaschinenhändler nach Köln ein. Und das aus gutem Grund. Neben Informationsveranstaltungen rund um das Bauprogramm von Deutz und Fahr wurde in Köln-Kalk das neue und größte Schlepperwerk des europäischen Kontinents eingeweiht. Mit Eröffnung dieses Werks vergrößerte sich die Produktionsfläche für Schlepper von 21 000 auf 43 000 Quadratmeter.
Die Produktionskapazität umfaßte 30 000 Traktoren jährlich, die nach Aussage der Firmenleitung ohne großen Aufwand um weitere 50 % gesteigert werden könnte. 1961 verließen monatlich 2 580 Traktoren das Montageband von Deutz.

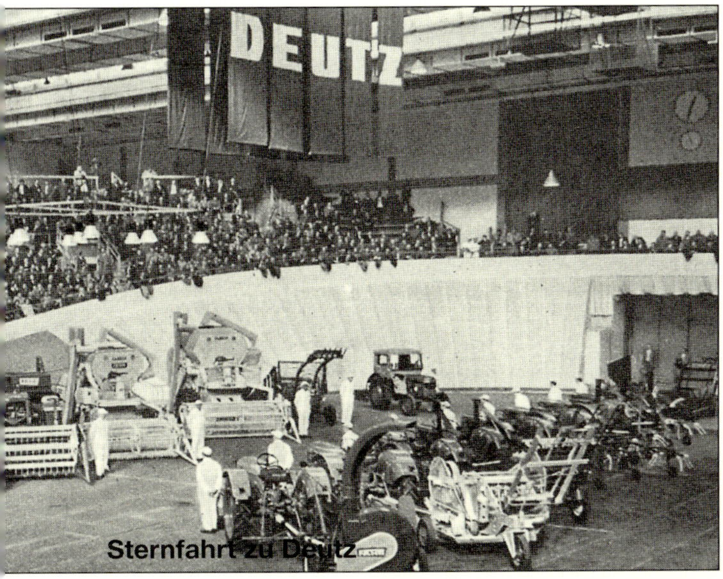

Sternfahrt zu Deutz

... fuhr der als erster gefertigte 25-PS-Schlepper von **Massey-Ferguson** aus dem Traktorenwerk in Beauvais in Frankreich per Achse nach Deutschland zum MF-Werk nach Eschwege bei Kassel. Für diese Fahrt waren acht Tage notwendig. Das neue MF-Werk in Frankreich hatte eine Fertigungskapazität von 100 Traktoren pro Tag. Mit dem Import des 25-PS-Schleppers wollte die Firma ihren Marktanteil, der bei ca. 5 % lag, steigern.

... nahm die **Hanomag** mit einem Anteil von 9,3% im Schlepperabsatz der Bundesrepublik den zweiten Platz ein.

... waren bei **IHC** über 90% aller bei uns in Deutschland verkauften Schlepper mit einem „hydraulischem Kraftheber" ausgerüstet. 1958, nur drei Jahre zuvor, waren es noch 79%.

Fendt Farmer 20, 28 PS

... brachte **Fendt** wiederum einen neuen Schlepper-Typ in der bereits erwähnten Farmer-Serie auf den Markt: den „Farmer 2 D". Er entsprach im Aussehen und in der techn. Ausführung dem bekannten „Farmer 2", auch der auf 28 PS Leistung gedrosselte Motor arbeitete darin. Das Getriebe bot in Halbsynchron-Bauweise mit Kriechgang 12 Gänge.

... änderte die **Kramer** in Gutmadingen und Überlingen das bestehende Schlepperprogramm. In der Baugruppe I wurde aus dem 13-PS-Schlepper „KLS 140" der gleichstarke „KL 150", und der „KW 160" mit 16 PS wurde durch den „KW 200" mit 20 PS ersetzt. Er war, ebenso wie sein Vorgänger, mit einem wassergekühlten Zweizylinder-Viertakt-Dieselmotor ausgerüstet. Ebenfalls 20 PS hatte der „KL 200", der aber mit einem luftgekühlten Zweizylinder-Dieselmotor bestückt war.
Die Baugruppe II, der die Schlepper-Typen „KL 300" mit 28 PS und „KL 400" mit 39 PS angehörten, blieben unverändert. Gleiches galt für den Kleinschlepper, Typ „Pionier S", mit 14 PS. Diese Traktoren waren zu jener Zeit schon mit zwei unabhängigen Bremsen und einer Blinklichtanlage ausgerüstet, wie es die Verkehrsbestimmungen ab dem folgenden Jahr mit Stichtag 1.1.1962 forderten.

Kramer KW 200, 20 PS

Kramer KL 400, 38 PS

Krone:
Landmaschinen-Produktion ausgelastet

Bereits im März des Jahres vermeldete die Maschinenfabrik Krone eine ausverkaufte Big M-Produktion, voll ausgelastete Montagebänder, gut gefüllte Auftragsbücher und eine deutliche Umsatzsteigerung für alle Maschinen der Krone-Angebotspalette nach dem ersten Quartal des laufenden Geschäftsjahres.

Mit über 100 verkauften Einheiten in der aktuellen Saison legte vor allem der selbstfahrende Hochleistungsmähaufbereiter Big M weiter zu. Hier kommt ein großer Teil der Nachfrage aus den Exportmärkten, insbesondere aus Nordamerika. Aber auch die auf der Agritechnica vorgestellten Weiterentwicklungen der Krone-Palette wie z. B. der neue 15-m-Großflächenschwader Swadro 1500 kamen beim Fachpublikum so gut an, dass die Krone-Vertriebspartner weltweit verstärkt Aufträge plazierten.

Mittelfristig sieht Krone mit seinem aktuellen Programm sowohl im Inland wie im Ausland große Wachstumschancen und will sich nach den Exporterfolgen der vergangenen Jahre die im Ausland vorhandenen erheblichen Umsatzpotentiale weiter erschließen. Aus diesem Grunde und im Hinblick auf neu konzipierte HighTech-Produkte für Lohnunternehmer reserviert das Unternehmen alle derzeit vorhandenen Produktionskapazitäten, um die Nachfrage befriedigen zu können. Dabei wird die Firma auch künftig als innovatives, mittelständiges Unternehmen mit immer wieder neuen Produktideen und -verbesserungen die Landwirte und Lohnunternehmer unterstützen, ihre land- und betriebswirtschaftlichen Erträge zu optimieren.

Im Rahmen dieser Strategie stellte die Firma die Weiterentwicklung des Maispflück-Vorsatzes „Silver Star" ein. Damit werden Forschung und Entwicklung so weit entlastet, dass sich die Ingenieure in voller Energie auf die Weiterentwicklung der Grünland-Erntemaschinen und die Konzeption neuer Produkte im Selbstfahrbereich für Lohnunternehmer konzentrieren können.

Heuernte wie vor vierzig Jahren

Bereits 1961 wurden der Porsche-Diesel vom Typ Standard T und die vierrädrige Orion-Sternradmaschine von der Familie Kugler aus dem schwäbischen Murrhardt angeschafft, um sich die Arbeiten in der Landwirtschaft zu erleichtern. Und genau wie damals kommt dieses Gespann noch heute Sommer für Sommer zum Einsatz, mittlerweile in der dritten Generation, wenn auch nur noch zur Landschaftspflege.

Aus einer Werbung von 1918

Technischer Stand unserer landwirtschaftlichen Zugmaschinen zum Beginn des Jahres 1924

Von Kurt Häfner

Mit der Erfindung der Motorkraftpflüge zum Beginn des 20. Jahrhunderts ging die Entwicklung in eine neue Richtung. Handliche Maschinen wurden auf dem Markt angeboten, die auch von mittelständischen Betrieben angeschafft und genutzt werden konnten. Durch den Eingriff der Regierung und der Requirierung aller vorhandenen Motorkraftpflüge während der Kriegsjahre wurden diese Maschinen in unserem Land so bekannt, ja fast möchte man sagen populär, dass in der allgemeinen Umgangssprache vorwiegend vom „Motorpflug" oder „Tragpflug" gesprochen wurde. Dies führte in den ausgehenden Kriegsjahren und den Jahren danach sogar so weit, dass fast alle Firmen ihre landwirtschaftlichen Zugmaschinen als „Motorpflug" oder „Pflugmotor" bewarben, obwohl es von der Bauart her oft völlig andere Maschinen waren.

Doch damit nicht genug: In der Fachwelt war man sogar soweit gegangen, nur noch von der „Deutschen Motorpflugindustrie“ zu sprechen, ging es um Fabriken, die sich in irgendeiner Form mit dem Bau landwirtschaftlicher Zugmaschinen befassten. Und die Zahl dieser Unternehmen war beachtlich, die Auswahl der Produkte recht vielfältig. Insgesamt unterschied man noch vor Mitte der zwanziger Jahre vier in ihrer prinzipiellen Bauart und ihrer Arbeitsweise grundverschiedene „Motorpflüge“, deren Kraftantrieb durch Verbrennungsmotoren nach Art der Automobilmotoren oder durch Rohölmotoren erfolgte:

1. Schlepper (Traktoren)
2. Tragpflüge
3. Raupenschlepper
4. Bodenfräser

Schlepper

Beim System der Schlepper oder Traktoren wurde das Pferde- und Ochsengespann durch eine motorisch angetriebene Zugmaschine ersetzt. Wollte man mit einem Schlepper pflügen, kam ein meist mehrschariger Pflug zum Einsatz, der mittels einer Kette angehängt wurde. Auf dem Pflug hatte ein zweiter Mann Platz genommen, der bei der Umsetzung am Ackerende die Bedienung übernehmen musste. Neuzeitliche Pflüge ließen sich auch vom Schleppersitz aus über ein Seil ausheben und absenken, damit der zweite Mann eingespart werden konnte. Doch ihre Verbreitung war zu jener Zeit noch sehr gering.
Der Vorteil eines Schleppers war also hauptsächlich darin zu sehen, dass er sich genau wie ein Pferd vor jedes Gerät oder jeden Wagen spannen ließ.

40 PS Deutz-Motor-Trekker

Die Bauart eines typisch modernen Schleppers war ein Rahmen, der auf der hinteren Antriebsachse mit den zwei groß dimensionierten Hinterrädern und einer lenkbaren Vorderachse ruhte. Auf dem Rahmen war der Motor, meist ein vierzylindriger Verbrennungsmotor, verschraubt. Die Vorderseite war für den Kühler bestimmt, der das „Gesicht“ oder die Identität eines Schleppers ausmachte. Nach hinten aus dem Motor führte die Antriebswelle über eine Konus- oder Lamellenkupplung zum Wechselradgetriebe mit meist drei Vorwärtsgängen und einem Rückwärtsgang. Von hier ging der Krafttrieb über das Differentialgetriebe und die Hinterachse auf die Treibräder über.
Ein Relikt aus der Dampfmaschinenzeit war die Seilwinde, die einst den Pflug über die Äcker zog und 1924 bei vielen der modernen Schlepper ebenfalls zu finden war. Ihr Anbau erfolgte üblicherweise zwischen den Antriebsrädern unterhalb des Fahrerplatzes in horizontaler Lage mit nach hinten führendem Seilzug.
Ein Schlepper nach diesem Baumuster war der „Deutz-Motor-Trekker“ aus der Motorenfabrik Köln-Deutz. Der Vierzylinder-Benzolmotor leistete 40 PS

35 PS Hansa-Lloyd-Trekker

bei 800 Umdrehungen in der Minute, und er war Kraftquelle für die Seilwinde, die wie beschrieben, an diesem Schlepper zu finden war. Beachtlich war die nach vorne abfallende Motorverkleidung, die dem Fahrer eine gute Sicht während der Fahrt gewährte.

Etwas unübersichtlich dagegen wirkte der 35-PS-Trekker von Hansa-Lloyd, der mit einem Vierzylinder-Benzolmotor aus dem Automobilbau ausgerüstet war. Sein Vorteil war in einer besonderen Konstruktion der Antriebsräder zu sehen. Die Greifer, über Bolzen drehbar gelagert, boten zwei verschiedene Stellungen und waren in kurzer Zeit für Acker- oder Straßenfahrt umgerüstet.

Der Stoewer-Motorpflug wurde als Motorpflug beworben, war aber ein typischer Vierradschlepper. Auch sein Benzolmotor verfügte wie üblich über vier Zylinder, und er leistete 38 PS bei 800 Umdrehungen.

Der Bachmann-Schlepper aus der Ansbacher „Motorenfabrik Karl Bachmann AG“ war mit einem Lastwagenmotor ausgerüstet. Dieser Vierzylinder-Benzolmotor leistete 35 PS und hatte sich gerade im Lastwagenbau schon vielfach bewährt. Zusätzlich war der Schlepper so gebaut, dass bei einer Neuanschaffung auch hier eine Seilwinde mitgekauft oder später noch nachgerüstet werden konnte. Diese Seilwinde verfügte über ein sehr stabiles, 100 Meter langes Drahtseil mit einer Seilzugkraft von 2500 kg.

35 PS Bachmann-Schlepper

30 PS Benz-Sendling-Motorpflug

38 PS Stoewer-Motorpflug

45 PS Neumayer-Traktor

Besonders bei kleineren Landwirtschaften beliebt war die Pöhl-Ackermaschine, deren Vierzylinder-Benzolmotor „nur“ 30 PS leistete, die komplette Maschine aber auch nur runde 1600 kg auf die Waage brachte, während sich die beschriebenen Mitbewerber alle von 3400 kg bis auf über 4000 kg bewegten.

30 PS LANZ-Feldmotor „Felddank“ mit Glühkopf-Motor

Auch diese Maschine zeichnete sich durch die besondere Greifertechnik der Hinterräder aus, womit die Greifer in kürzester Zeit über eine Handkurbel in die gewünschte Stellung gebracht werden konnten.

Gleich zwei Ausführungen mit unterschiedlichen Leistungen, aber sonst weitgehend analoger Technik, bot die „Fritz Neumeyer AG“ aus München ihrer Kundschaft, indem sie einen Schlepper mit 45-PS-Leistung und einem betriebsfertigen Gewicht von 3800 kg, sowie einen Schlepper mit 25 PS bei 2800 kg Gesamtgewicht zur Auswahl stellte.

45 PS Daimler-Schlepper

Die mit dem hohen Gewicht verbundenen teilweise recht hohen Herstellkosten zu senken, hatte sich die „Daimler-Gesellschaft“ in Berlin-Marienfelde mit dem Bau ihres Daimler-Schleppers zum Ziel gesetzt und baute eine Art Dreiradschlepper in der 4000-kg-Gewichtsklasse. An Stelle der sonst üblichen Antriebsräder kam zwei große, jedoch nahe zusammengerückte Antriebsräder, deren geringer Abstand das teure und technisch aufwendige Differentialgetriebe entbehrlich machte. Der Motor aus dem eigenen Hause leistete 45 PS und verfügte auch bei dieser Maschine über vier Zylinder.

Daimler-Schlepper von hinten

Daneben gab es noch einen „echten“ Dreiradschlepper mit 30 PS bei 800 Umdrehungen in der 2500-kg-Gewichtsklasse von der „Benz-Sendling Motorpflüge GmbH“. Dieser Schlepper war mit nur einem einzigen großen und überbreiten Hinterrad ausgerüstet. Besonders beachtlich aber war der Motor, denn hier kam nicht der übliche Vierzylinder-Benzolmotor zum Einbau, sondern ein stehender Zweizylinder-Dieselmotor.

Ein grundlegendes Beispiel für moderne Schlepperbautechnik lieferte der Lanz-„Felddank“, hervorgegangen aus dem weitgehend baugleichen „Feldmotor“. Der Unterschied lag hier in der Art der Motoren. So verfügte der Feldmotor noch über den üblichen Vierzylinder-Benzolmotor mit 38-PS-Leistung und einer oberen Drehzahl von 750 Umdrehungen je Minute, während der Felddank mit einem „allesfressenden“ Glühkopfmotor nach Art der Bulldogs ausgerüstet war. Waren es bei

30 PS Pöhl-Ackerbaumaschine

Werbung aus 1924: 38 PS Lanz-Feldmotor mit Vierzylinder-Benzolmotor

den Bulldogs noch liegende Einzylinder-Motoren, so war es hier ein stehender Zweizylinder, der seine 38 PS bei 650 Umdrehungen erreichte.

Tragpflüge

Bei den Motorpflügen, die ersten durch Robert Stock erschaffen und seit 1908 (siehe SR-Jahrbuch Ausgabe 2000, Seite 41) auf dem Markt, waren Motormaschine und Pflug zu einem einheitlichen Ganzen zusammengebaut. Das heißt, beide Teile zusammen bildeten eine komplette Maschine. Wichtig war die Verteilung des Gewichts, das nahezu ausgewogen und mit nur geringem Überhang nach hinten auf der Achse mit den Treibrädern ruhte. Mit dieser Bauweise war das komplette Maschinengewicht als nutzbares Reibungsgewicht im Einsatz.

Diese Tragpflüge hatten den großen Vorteil, dass sie von nur einem Mann zu bedienen waren und dazu eine sehr schöne Ackerarbeit lieferten. Der Nachteil lag in der Bauart, der sie beim Anhängen anderer Gerätschaften oder auch bei Transporten erheblich behinderte.

Sie wurden als „Großpflüge“ mit Leistungen bis 80 PS, teilweise sogar bis 100 PS und bis zu sieben und acht Pflugscharen, oder als „Kleinpflüge“ mit Leistungen von 35 PS abwärts und entsprechend weniger Pflugscharen angeboten.

Noch 1924 war die „Stock-Motorpflug GmbH“ das erfolgreichste Unternehmen beim Bau der „echten“ Tragpflüge, denn in den letzten rund 15 Jahren waren es über 4000 Maschinen, die diese Fabrik verlassen hatten.

Der große „Stockpflug“ leistete 55 PS und konnte mit 4 bis 6 Pflugscharen ausgerüstet werden, je nachdem, wie schwer der Boden war und wie tief gepflügt werden sollte. Der kleine „Stockpflug“ dagegen verfügte über einen 25-PS-Motor und konnte bis zu 3 Pflugschare aufnehmen. Mit dieser kleineren Bauart war der Anschaffungspreis um einiges niedriger als bei der vergleichsweise großen Maschine, die dadurch kleinere Betriebe ansprach.

Ebenfalls zwei Modelle von Tragpflügen hatte die „Deutsche Kraftpflug-Gesellschaft mbH, Berlin“ im Programm. Einmal war es der 80 PS starke WD-Tragpflug mit 5 und 6 Pflugscharen, sowie der 35-PS-Tragpflug mit bis zu 4 Pflugscharen. Als technische Besonderheit darf hier der gesonderte Pflugrahmen genannt werden, der ein paralleles Einstellen der Pflugscharen zum Boden erlaubte.

Ebenfalls über eine Bauart mit Hilfsrahmen verfügte der Komnik-Tragpflug aus der „Automobilfabrik Komnik AG“, Elbing, der, mit einem 80-PS-Motor ausgerüstet, bis zu 7 Pflugscharen ziehen konnte. Gleiches galt auch für die kleinere 50 PS-Ausführung, die bis zu 4 Pflugscharen ziehen konnte.

Neu aus dieser Fabrik war der 40-PS-Universal-Kleinpflug, der eine Kombination von Zugmaschine und Tragpflug darstellte, und mit 3 Pflugscharen ausgerüstet war.

Er war ebenfalls neu, und wurde von der Fachwelt als „eigenartige Konstruktion“ bezeichnet: der MAN-Motorpflug aus der „Maschinenfabrik Augsburg-Nürnberg“. Die eigenartige Konstruktion jedoch war eine damals bei diesen Maschinen recht

55 PS Stock-Tragpflug

25 PS Stock-Kleintragpflug

35 PS WD-Tragpflug

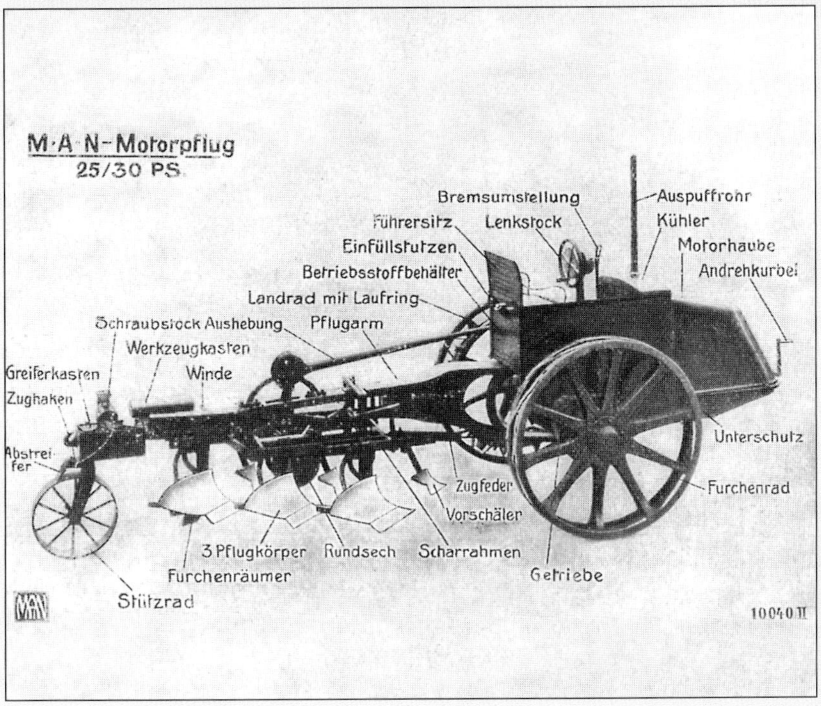

MAN-Tragpflug in Blockbauweise

MAN-Tragpflug beim Pflügen

Werbung für den 80 PS WD-Großpflug der beginnenden 20er Jahre

35 PS Hanomag-Vergasermotor

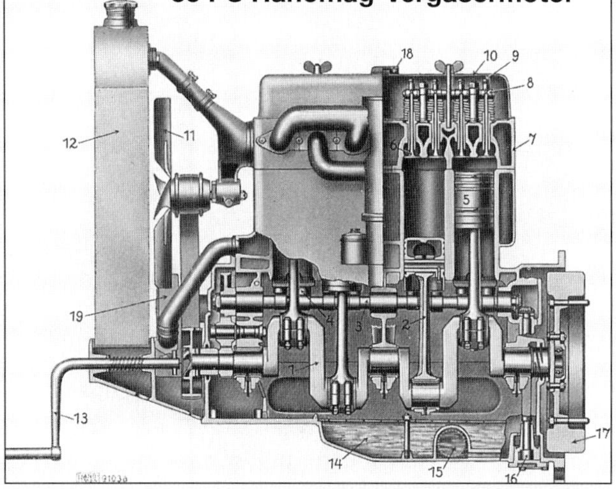

untypische Blockbauweise, bei der der zweirädrige Vorderwagen, Motor, Achsen und das Getriebe zu einer kompletten Einheit verschraubt waren. Der Getriebekasten war nach hinten speziell ausgebildet und bildete damit die Aufnahme, die, über Bolzen hergestellt, eine gewisse Lenkfähigkeit des Pflugrahmens zum Vorderwagen erlaubte. Mit 25 PS, die der Motor bei 800 Umdrehungen je Minute leistete, und einem Gesamtgewicht von 2000 kg, war der Motorpflug bei den Kleinpflügen angesiedelt.

Mit einem nur 18 PS starken Motor und 2 Pflugscharen war der Körting-Tragpflug noch kleiner als der MAN-Motorpflug. Er war ein Produkt der „Gebr. Körting AG" aus Hannover-Körtingsdorf, und war in dieser Größe gebaut, um für die noch kleineren Landwirtschaften interessant zu werden. Abweichend von den üblichen Konstruktionen fand hier der Fahrer seinen Platz hinter den Pflugkörpern, also am hintersten Ende der Maschine und war damit recht weit entfernt von Motor und Getriebe. Damit die Bedienung der Maschine aber dennoch zuverlässig erfolgen konnte, führten zwei Holme nach hinten zum Fahrer. Entlang dieser Holme waren auch die Bedienungshebel verlegt.

Ebenfalls ein Tragpflug für die kleineren Landwirtschaften stellte der neue „Stock-Wendepflug" dar, bei dessen Konstruktion auf besondere Wendefähigkeit Wert gelegt wurde. Diese Voraussetzung galt auch für die Pflugscharen, die, doppelt vorhanden, nur noch nach oben bzw. nach unten geschwenkt werden mussten. So konnte dieser Pflug nach dem Wenden am Ackerende an der gerade fertiggestellten Furche weiterpflügen. Ein großer Vorteil gegenüber den anderen Pflügen, die einen Acker immer nur zweiseitig von innen nach außen oder von außen nach innen pflügen konnten.

Die wohl herausragendste Neuheit auf dem Gebiet der Motorpflüge stellte die in Mannheim beheimatete Firma Lanz mit ihrem Acker-Bulldog vor wenigen Monaten vor, dessen Konstruktion weder bei den Tragpflügen noch bei den Schleppern richtig anzusiedeln war. Hier handelte es sich um ein vierrädriges Fahrzeug, ähnlich einem Schlepper mit zwei Achsen, aber mit vier treibenden Rädern. Ein kleines und übersichtliches Fahrzeug, das erstaunliches zu leisten im Stande war: mit seinen nur 12 PS konnte es einen zweischarigen Pflug ohne Mühe durch den Acker ziehen. Diese Leistung war dem bei dieser Fahrzeuggattung erstmals angewandten Vierradantrieb mit den auf der Vorderach-

18 PS Körting Kleintragpflug

Eine Neuheit:
20 PS Stock-Wendepflug

Eine Neuheit:
Lanz Ackerbulldog

se größeren Treibrädern zuzuschreiben, wodurch das komplette Fahrzeuggewicht von nur 1500 kg für die gesamte Zugkraft genutzt werden konnte. Ein weiterer großer Vorteil lag in der Auswahl des Motors, eines liegenden Einzylinder-Glühkopfmotors, der, im Zweitaktverfahren arbeitend, ohne Ventile, Nockenwelle und Zündeinrichtung auskam, und dazu klaglos alle Treibstoffe, Kraftstoffe, Öle und flüssige Fette verarbeiten konnte und damit weit günstiger zu betreiben war als die Motorpflüge mit ihren mehrzylindrigen Benzolmotoren. Kostensparend wirkte sich auch das Fehlen eines Getriebes aus, da die Geschwindigkeit alleine über die Motordrehzahl zu regeln war und der fehlende Rückwärtsgang durch Umsteuern des Motors in die andere Drehrichtung erreicht werden konnte.

Das Lenken erfolgte durch das Einknicken des Rahmens, was mit leichter Kraft über das Lenkrad erreicht werden konnte.

Lanz ließ es sich damals nicht nehmen, diesen Acker-Bulldog als den „unübertroffenen Pflugmotor der Neuzeit" zu bewerben.

Raupenschlepper

Nach amerikanischem Vorbild wurden in den letzten Jahren auch bei uns in Deutschland vermehrt Raupenschlepper angeboten. Anstelle der Räder nach Traktor-Bauart kamen hier endlose Gleisketten mit zum Teil unterschiedlich geformten Schuhen, Platten oder Leisten zum Einsatz. Sie bezeichnete man allgemein als Raupenketten. Diese Raupenschlepper genossen im Wesentlichen dieselben Vor- und Nachteile wie die Radschlepper, entwickelten jedoch eine weit höhere Zugkraft bei einem wesentlich geringeren Bodendruck, und das bei gleicher Leistung. Lediglich ihre Rangierfähigkeit war gegenüber dem Radschlepper etwas eingeschränkt und bei engeren Rangiermanövern zusätzlich mit einer Beschädigung der Budenkruste zu bezahlen, was sie aber durch eine wesentlich bessere Geländegängigkeit wett machten.

Ein Vertreter dieser Fahrzeuggattung war beispielsweise der Büssing-Raupenschlepper aus der Fabrik von Heinrich Büssing in Braunschweig, der, mit einem 55-PS-Benzolmotor ausgerüstet, ein Gesamtgewicht von 5500 kg auf die Waage brachte. Die durch vier Rollen gestützte Gleiskette konnte den Bodendruck so weit verringern, dass letztlich nur noch 500 g Belastung je cm^2 auftraten.

55 PS Büssing-Raupenschlepper beim Pflügen

55 PS Büssing-Raupenschlepper

25 PS WD-Raupenschlepper

Wiederum zwei Fahrzeuge dieser Bauart mit unterschiedlichen Leistungen standen mit den WD-Raupenschleppern zur Auswahl: der 55-PS-Raupenschlepper und der 25-PS-Typ. Obwohl beide Maschinen entsprechend ihrer Leistung über ein tonnenschweres Gewicht verfügten, belasteten sie den Boden mit nur einem Sechstel des Gewichts, wie es von einem Pferdehuf ausgeübt wurde.
Die Lenkung dieser Raupenschlepper wurde mit zwei einfachen Hebeln bewältigt, die ähnlich den Pferdezügeln zu handhaben waren.

Bodenfräser

Während bei all den genannten Maschinen die Ackerfurche in althergebrachter Weise durch Pflugschare hergestellt wurde, erfolgte bei den Bodenfräsern die Bearbeitung mittels einer rotierenden Welle, die mit Haumessern oder ähnlichen Fräswerkzeugen bestückt war.
Ähnlich der Bauart der Tragpflüge waren auch die Bodenfräser so ausgebildet, dass Fräser und Zugmaschine eine zusammengebaute Einheit bildeten, wobei im Gegensatz zum Tragpflug, die Zugmaschine jedoch teilweise über zwei Achsen verfügte. Bekannteste Maschine war hier der Lanz-Landbaumotor oder auch die Siemens-Bodenfräse. Doch war es zu jener Zeit noch nicht möglich, einen Vorteil im Pflanzenwachstum zu erkennen, die auf Grund dieser Bodenbearbeitungsart gegenüber der herkömmlichen Pflug-Methode nachzuweisen gewesen wäre. Deshalb konnte sich dieses Verfahren auch nicht durchsetzen, wie man heute weiß. Lediglich bei der Urbarmachung und Bearbeitung von Moorböden wurden Fräsen zeitweilig bevorzugt eingesetzt. ■

Das Fräswerkzeug

80 PS Lanz Landbaumotor in Moorausrüstung um 1920

1966:

Präsentation des neuen Hela D 245

Von Sven Ruf

Es war 1966. Auf der DLG-Ausstellung in Frankfurt am Main wurde ein neuer Schlepper aus dem Hause „Hermann Lanz, Aulendorf," vorgestellt. Sein neues, auffälliges Aussehen hob ihn aus dem Umfeld der gewohnten und bewährter Modelle hervor. Gleichzeitig wagten sich die Konstrukteure mit diesem Schlepper erstmals über die Leistungsgrenze von 45 PS hinaus.

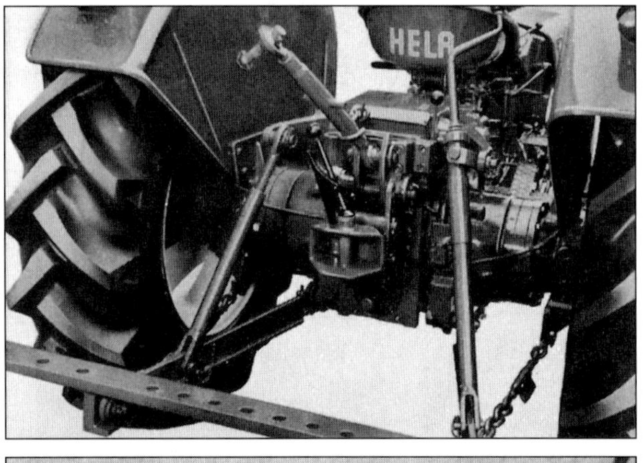

Der neue Schlepper wurde unter der Typenbezeichnung „D 254" vorgestellt und war mit einem Dieselmotor der Firma MWM ausgerüstet. Die Leistung von 54 PS schöpfte der Motor aus vier Zylindern mit zusammen 2,98 l Hubraum, die aus 96 mm Durchmesser und 125 mm Hub resultierten. Als obere Leerlaufdrehzahl werden 2400 U/min genannt, das maximale Drehmoment von 18,1 mkp erreichte er bei 1600 U/min. Dieser in der Bauart als wassergekühlter Direkteinspritzer konzipierte Motor hatte die Typenbezeichnung D 208 und war mit einem Kraftstoffverbrauch von 177 g/PS/h als recht günstig einzustufen. Ferner verfügte der Motor über eine selbständige Umlaufdruckschmierung und eine Drehzahlregulierung, über Hand- und Fußhebel bedienbar.

Das Getriebe lieferte die Zahnradfabrik Passau. Ein Gruppenschaltgetriebe mit acht Vorwärts- und vier Rückwärtsgängen ermöglichte Fahrgeschwindigkeiten von 1,6 bis 26,1 km/h vorwärts, und 2,8 bis 12,6 km/h rückwärts.

Die Verbindung zwischen Motor und Getriebe stellte eine Zweischeiben-Trockenkupplung der Firma Fichtel & Sachs her. Die direkte Verschraubung von Motor, Kupplung, Getriebe und Hinterachse zeugt von der Bauart nach Blockbauweise.

Zur serienmäßigen Grundausrüstung zählte neben einer kompletten elektr. Beleuchtungseinrichtung mit Anlasser und Lichtmaschine eine gefederte Vorderachse mit Vorderrad-Kotflügeln, eine Motorzapfwelle – umschaltbar von Norm- auf Schnelldrehzahl –, Hand- und Fußgas, Hand- und Fußbremse mit Umstellung auf Einzelradbremsen, Handbremse auf das Getriebe wirkend, ein vorderes Zugmaul und eine hintere, drehbare und in der Höhe verstellbare Anhängevorrichtung. Der Fahrerplatz war übersichtlich gestaltet, mit Aufstieg vor den Hinterrädern. Ein Traktormeter, kombiniert mit einem Anzeigeninstrument, und ein Tachometer gaben dem Fahrer jederzeit die gewünschte Auskunft über den aktuellen Motor- und Fahrzeugstand. Auch ein hydraulischer Kraftheber mit breiter Ackerschiene war Standard.

Insgesamt stellte dieser neue Schlepper eine modern-zeitgemäße, kräftig gestaltete Zugmaschine dar, die je nach Wunsch in roter oder grüner Farbgebung geliefert wurde.

Von oben:
Kraftvoll, modern und sparsam, der Vierzylinder-Dieselmotor von MWM, der im neuen D 245 zum Einbau kam.
Recht übersichtlich und wohlgeordnet, der Fahrerplatz mit Armaturenbrett und Bedienungselementen.
Selbstverständlich war der D 245 serienmässig mit einer Regelhydraulik und der zugehörigen Dreipunktaufhängung und dem dadurch notwendigen Aufstieg vor den Hinterrädern ausgestattet.

D 254 D 538 S DLG Frankfurt 1966

Der Grundpreis für den D 254 einschließlich Regelhydraulik und Art der Bereifung belief sich auf 19.720,– bis 20.100,– DM.

Zum gleichen Zeitpunkt ist auch der neue Hela-Schmalspurschlepper vom Typ D 538 S vorgestellt worden. Er besaß sozusagen den gleichen Motor wie der Typ D 254, nur daß er über nur drei Zylinder verfügte. Damit leistete er 40 PS bei 2,23 l Hubraum.
Als Getriebe kam ein hauseigenes Kriechganggetriebe zum Einbau.

Die bisherigen Schlepper-Modelle wurden von jetzt an nacheinander abgelöst, wobei die ersten Modelle D 225, D 230, D 540 und D 548 nur dem Aussehen nach neu und moderner gestaltet wurden. Die zum Einbau gekommenen Motoren waren noch die bisherigen Hela-Motoren aus der Baureihe „A". Sie wurden bis zur Einstellung der eigenen Motorproduktion aus Gründen der Unwirtschaftlichkeit weiter verwendet.
Danach verwendete man wieder die seit langem bewährten MWM-Motoren. Die Typen D 434 und 534 waren nahezu baugleich und hatte auch den-

D 260 A

D 648 A

Ebenfalls neu und auf der Messe erstmals vorgestellt, der Schmalspurschlepper vom Typ D 538 S. Ab 1967 werden auch die ersten Allradtraktoren von Hela angeboten.

selben Motor, einen 35-PS-Dreizylinder-Diesel mit einem Hubraum von 2,23 l. Der Unterschied lag im Getriebe. So verfügte der D 434 über ein Schaltgetriebe mit sechs Vorwärts- und zwei Rückwärtsgängen, der D 534 dagegen hatte ein Gruppenschaltgetriebe mit 10 Vorwärts- und zwei Rückwärtsgängen.

Bei den Getrieben war es ähnlich wie bei den Motoren: zunächst verwendete man Eigenkonstruktionen, sogenannte Hela-Getriebe. Sie wurden später durch Zukaufgetriebe von der Firma ZP, wie beim Typ D 254, ersetzt.

Mit dem Abschluß der kompletten Umstellung auf die neuen Schleppertypen verfügte die Firma Hermann Lanz Aulendorf über eine komplette Palette neuer Hela-Traktoren von 16 PS, vertreten durch den Typ D 416, bis 70 PS, vertreten durch den Typ D 260.

Der kleinste Schlepper mit 16 PS verfügte über einen Zweizylinder-Dieselmotor und ein Hela-Wechselgetriebe, welche noch bei Schleppern unter 40 PS eingebaut wurden, wobei die leistungsstärkeren Schlepper mit ZP-Getriebe ausgestattet waren.

Erstmals wurden diese Traktoren auch mit Allradantrieb angeboten. Für die Typen D 648 A und D 260 A entwickelte die Firma eigene Allrad-Achsen.

Gegensätzlich dazu waren für die Typen D 340 A und D 254 A mit Zukaufachsen der Firma ZF ausgerüstet.

Mit diesen modernen und technisch aktuellen Traktoren, die seit 1967/68 auf dem Markt waren, erhoffte sich die Firma die so dringend notwendigen steigenden Verkaufszahlen. Doch entgegen der Erwartungen konnten 1969 in Deutschland ganze 354 Schlepper einen Käufer finden. Dies entsprach einem halben Prozent nach der Zulassungsstatistik. Deutz als Marktführer beispielsweise verkaufte im selben Jahr 14158 Schlepper, was 19,7 % entsprach.

Eigentlich ist es im Nachhinein schwer nachvollziehbar, warum der Firma Lanz mit dieser modernen und anspruchsvollen Schlepperpalette der notwen-

Linke Seite: Hela-Traktoren werden in roter und grüner Farbgebung angeboten, wie auf diesem Foto zu sehen. Zu erkennen ist auch ein orangefarbener Plantagenschlepper, Typ D 542, der vor dem Eingang des Pavillon abgestellt ist, sowie ganz links und halb verdeckt, ein Schilter UT-Traktor. Darunter ein 60 PS-starker Allradschlepper in Forstausrüstung.

Oben: Der Typ D 534, baugleich mit dem Typ D 434. Der Unterschied lag im Getriebe.

Unten: Auch von den Schweizer Schilter UT-Traktoren hatte die Hermann Lanz den Generalvertrieb übernommen. Hier zu sehen der Typ UT 7200 mit 72 PS

dige Erfolg versagt geblieben ist. An der Technik kann es nicht gelegen haben.
Diese Tatsachen zum Anlaß nehmend, verlegte die Firma ihre Aktivitäten mehr und mehr in die Maschinen für den Baumaschinensektor. Teure Traktorenentwicklungen rechneten sich nicht mehr. Um aber dennoch konkurrenzfähig bleiben zu können und die fehlenden Neuentwicklungen ersetzen zu können, übernahm man zusätzlich den Vertrieb der rumänischen UTB-Traktoren. Da aber auch diese Aktivitäten nicht von dem erhofften Erfolg gekrönt wurden, wurde bereits 1979 die Schlepperproduktion eingestellt. ■

Hans im Glück

Eine wahre Geschichte

Zur Verfügung gestellt von der Firma Wilhelm Mayer, Neu Ulm

Wie war das damals, 1945, direkt nach dem Krieg? Deutschland lag in Schutt und Asche. Unsere Wirtschaft war lahmgelegt. Jeder mußte für sich selber sorgen. Kaufen war nicht drin, denn unsere Währung, die Reichsmark, war wertlos geworden und keiner wollte sie mehr haben. Nur der Tausch florierte. Wer was zu bieten hatte, konnte was tauschen, also bekommen! Wie es wirklich war, vermittelt uns die nachstehende Geschichte, die Willy Mayer – der 1998 verstorbene Vater des jetzigen Inhabers – selbst erlebt hat. In recht humorvoller Weise schrieb er die Geschichte dann 30 Jahre später nieder als Erinnerung an seine Erlebnisse, aber auch als Zeugnis unserer Geschichte.

Unsere Gedanken gehen in diesen Tagen zurück zum Jahr 1945, in dem nach dem Zweiten Weltkrieg unsere Firma zum zweiten Mal aufgebaut werden mußte. Übriggeblieben war der grundsolide Name einer Firma, die sich eben anschickt, ihr 45jähriges Geschäftsjubiläum zu feiern. Die Bilanz war nicht sehr erfreulich: Ein zu 80 Prozent zerstörtes Ulm, zerstörte Betriebsgebäude und veraltete Maschinen. Von dem einst so schmucken Fuhrpark war nichts mehr übriggeblieben außer einem alten Fahrrad. Über den Krieg hinweg gerettet wurde aber der ungebrochene Wille, wieder aufzubauen und sei es auch nur im bescheidenen Rahmen. Übriggeblieben ist aber auch ein guter Schuß Humor und die Erfahrung eines bewährten „Landsers“, der sieben Jahre an allen Fronten seinen Dienst tat.

Problem Nummer 1:
Ein Auto!

Durch Zufall entdeckte ich bei dem befreundeten Bauern Länge auf dem Harzerhof ein fast neuwertiges Opel-Cabriolet. Es gehörte seinem Bruder in den USA, der es bei seinem Urlaub in Deutschland benützte.
„Hans, das wär a Wägele für mi!“ Mein Freund Länge, mir sonst wohlgesonnen, zeigte sich nicht abgeneigt, stellte aber die Bedingung, daß ich ihm einen Gaul dafür besorgen solle. Nachts träumte ich von dem kleinen Opel mit den vernickelten Scheinwerfern und tagsüber war ich unterwegs, um einen Gaul zu finden. In Stötten bei Geislingen habe ich schließlich ein Pferd aufgetrieben, das allerdings auch nicht mit Reichsmark zu erstehen war. Der Besitzer verlangte dafür eine neue Sämaschine. Länge war mit diesem Gaul wohl einverstanden, aber wo sollte ich eine Sämaschine herbekommen? Ich suchte Herrn Glas von Dingolfing, Inhaber

der gleichnamigen Sämaschinen-Fabrik und Freund meines Vaters auf und brachte ihm mein Anliegen vor. Auch Herr Glas war nicht abgeneigt, stellte aber von sich die Bedingung, dafür 20 Tafeln Blech zu erhalten mit dem Kommentar „Wie soll i sonscht meine Sämaschina macha?"
Nachdem ich mich rasch erkundigt habe, ob „mein" Gaul sich noch wohl fühlt, ging ich auf die Suche nach den 20 Tafeln Blech. Dieses Blech stellte mir ein Geschäftsfreund in Ulm, der zufällig einige überzählige Tafeln auf Lager hatte, in Aussicht, allerdings mit dem Pferdefuß: „Du kascht die 20 Tafeln han, aber ich brauch unbedingt an Grabstoi für meine Schwiegermutter".
Ich glaubte mich schon am Ziel, weil mein bester Schulkamerad und Bildhauer Hans Bühler nebenbei auch Grabsteine herstellte.
Aber auch diese Freundschaft reichte nicht ganz aus und war mit einer Bedingung verbunden, die mir Hans stotternd vorbrachte: „Du kannst den Grabstoi han, aber Du musst mir dafür ein Wiesel-Wägele (Hand-Wägele) beschaffen!"
Schnurstracks ging ich zu dem Pflugfabrikanten Rudolf Eberhardt Ulm, der als Füllarbeit kleine Serien von dem begehrten Wiesel-Wägele herstellte und meine Bitte wurde auch prompt erfüllt.

So zog der moderne „Hans im Glück" sein Wiesel-Wägele quer durch Ulm zu dem Bildhauer Bühler, ließ sich dort einen Grabstein reservieren, brachte die 20 Tafeln Blech mit einem Spediteur nach Dingolfing und schließlich wechselte die Sämaschine ihren Besitzer mit dem Bauern in Stötten. Mein Freund Hans Länge ritt hoch erhobenen Hauptes sein dringend benötigtes Pferd nach seinem Harzerhof und tagsdarauf hatte ich meinen Personenwagen, von dessen vernickelten Scheinwerfern ich schon so oft geträumt hatte.
Viele PKW's, die größer, länger, moderner und schneller waren, folgten unserem „Mucki", aber ich war auf kein Fahrzeug so stolz wie auf ihn. ■

Hallo Zettelmeyer-Freunde aufgepasst:

Ein Aufruf an alle Besitzer und Liebhaber von Zettelmeyer-Schleppern

Von Josef Kohl

Vor einigen Jahren wurde ich mit dem Oldtimer-Traktorvirus infiziert. Damals habe ich mich für Zettelmeyer-Schlepper entschieden. Nicht zuletzt auch deshalb, da diese Schlepper einst ganz in der Nähe meiner Heimat gebaut wurden.

Angefangen hatte alles einmal mit einem Typ „Z I“ von 1940, gefolgt von einen Typ „Z II-Straßenschlepper“ von 1936, so dass ich mittlerweile sechs Zettelmeyer-Schlepper besitze. Zwei davon sind inzwischen sauber restauriert, vier habe ich noch vor mir. Dies soll in nächster Zeit geschehen.

Nun habe ich mir in den Kopf gesetzt, eine Bestandsaufnahme der noch existierenden Zettelmeyer-Traktoren zu machen. Damit gibt es die Möglichkeit des gegenseitigen Kennenlernens und eines Erfahrungsaustausches. Auch gegenseitige Hilfe kann dann geboten werden, denn Ersatzteile und Unterlagen von diesen Fahrzeugen gibt es leider nicht, wie von manch anderem Oldtimer gewohnt, auf jeder größeren Veranstaltung zu kaufen. Hier ist es ein besonderer Vorteil für alle, sich gegenseitig zu kennen und helfen zu können.

Schon die Mundpropaganda im Vorfeld brachte mir einiges an Adressen, Fahrzeugdaten und Bilder ein. So kenne ich bis jetzt um die 50 Schlepper. Dieser Aufruf soll nun, wenn möglich, auch noch die restlichen mir unbekannten Zettelmeyer-Schlepper ans Licht bringen.

Ein recht interessanter Bericht über die Firma und ihre Traktoren war ja bereits im Jahrbuch 2000 von „Der Schlepper im Rückblick“ nachzulesen. Er stammte aus meiner Feder und die Zusammenstellung hat mir viel Freude bereitet. Allerdings hat es mich auch sehr viel Mühe gekostet, diese Zeilen zusammenzustellen, da Unterlagen nur noch sehr schwer zu bekommen sind.

Wenn Sie mir also helfen wollen, nehmen Sie Kontakt mit mir auf.

Für die Bestandsliste benötige ich die Fabrik-Nr. des Schleppers. Sie muss zwischen 1001 und 4999, oder zwischen 10001 und 11993 liegen.

Diese Nummer findet man auf dem Typschild, am Getriebegehäuse und am Vorderachsblock, rechts neben der Andrehkurbel.

Dann das Baujahr. Es ist auf dem Typschild oder im Brief zu finden.

Der Schlepperbau begann 1935 und endete 1953.

Wichtig ist auch der Typ: Ist es ein „Z I-Ackerschlepper“ oder ein „Z II-Straßenschlepper“.

Dann sollten Sie mir noch Ihre Adresse oder die des Besitzers, evtl. mit Telefonnummer, nennen. Natürlich freue ich mich aber auch über das eine oder andere Bild.

Bei Ihrer Hilfe ist der Zustand des Schleppers völlig unwichtig, egal ob restauriert oder unrestauriert. Hauptsache er existiert überhaupt noch.

Um mein Wissen und auch mein Archiv über diese Schlepper zu vervollständigen, suche ich darüber hinaus noch Unterlagen, Prospekte, Anstecknadeln, und was es sonst noch gegeben hat, aus der Zeit der Zettelmeyer-Schlepper.

Und, obwohl völlig überflüssig, sei dieser Satz zum Schluß doch gesagt: klar, dass jeder, der mir hilft, auch Hilfe und Auskunft von mir erwarten darf.

Deshalb an alle die mir helfen, schon vorab ein herzliches Dankeschön!

Josef Kohl,
Alte Poststr. 30,
545418 Rivenich

Zettelmeyer
Z
1Z 37412

Soll es so sein?

Von Herbert Reimitz aus Bibertal

Böse Erfahrungen musste Herbert Reimitz bei der Ersatzteilbeschaffung machen, als er einen Güldner der G-Serie restaurierte. Auf verschiedenen Plätzen fand er die fehlenden Teile, die er dann seiner Meinung nach zu teils weit überhöhten Preisen kaufen musste. So kostete das nackte Frontgitter der Motorhaube rund 500 Mark, zwei vordere Kotflügel 240 Mark und das kleine Ansaug-Staubgitter nochmals 40 Mark. Richtig zur Sache ging es beim Kauf des rechten hinteren Rücklichts, denn hier standen stolze DM 241,32 auf der Rechnung. Hier stellt sich in der Tat die Frage, ob nicht doch mancher Ersatzteile-Händler die Notlage der Sammler ausnützt. Herbert Reimitz, der mit Unverständnis auf diese Ersatzteilpolitik reagiert, sieht sich veranlasst, den nachstehenden Bericht zu schreiben. Er soll nicht nur zur Diskussion anregen, er soll anderen Betroffenen Gelegenheit geben, ihren Ärger und ihre Erfahrungen mitzuteilen.

Samstagmorgen. Es verspricht ein schöner Samstagmorgen zu werden, ganz nach dem Lied, „Morgens um sieben ist die Welt noch in Ordnung“.
Doch jetzt ist es gleich neun Uhr. Gerade bin ich im schönen Frankenland, nahe Würzburg, auf einem Platz angekommen, wo Ersatzteile für ältere Schlepper angeboten werden. So jedenfalls versprechen es Annoncen, die in diversen Fach- und Oldtimerzeitschriften zu finden sind.
Doch ist hier die Welt noch in Ordnung für Leute wie mich und Gleichgesinnte, die diesen Abwrackplatz hier erleben müssen, die sich hier umschauen, die nachdenken, die für alte Schlepper schwärmen und sich Oldtimer-Fan nennen? Ist hier die Welt noch in Ordnung für das, was hier geschieht, egal um welche Uhrzeit?
Von Allgaier bis Zettelmeyer, alles ist vertreten, zerlegt, auseinander geschraubt, im Dreck liegen gelassen und weggelaufen. Wo der Schraubenschlüssel versagte, griff man einfach zum Trennschleifer, sogar zum Schneidbrenner. Um ein Ersatzteil zu bergen, werden viele andere unwiederbringlich zerstört, mit roher Gewalt zerstört.
Hier eine Achse, da ein Getriebe. Motorhauben, Kotflügel, dann ein Zylinder, dazwischen Schrauben, Muttern, Dreck, Öl. Eigentlich ist dieser Zustand nicht zu beschreiben. Vieles liegt am Boden in einer Brühe aus Öl, Wasser, Diesel und Dreck.
Soll es so sein?
Jeglicher Witterung sind all diese Teile ausgesetzt, der Himmel als Dach, dazwischen Regen, Sonne, Schnee, Eis. Der Rost nagt und frisst an manchem Teil, macht es kaputt. Unbrauchbar. Doch wie froh wäre manch ein Sammler, dem gerade dieses Teil für seinen Bulldog, seinen Schlepper fehlt.
Soll es so sein?
Was nützt uns Schlepperfreunden so ein Schrotthaufen? Gewiss nicht viel. Trifft hier vielleicht das Sprichwort zu: Wer sucht der findet! Ein anderes Sprichwort aber lautet: Ordnung ist das halbe Leben!
Gerade Besitzer solcher Schrottplätze, spezialisiert auf Alt- und Gebrauchtschlepper, kaufen alles, was sie erwischen können. Für wenig Geld wird ein Traktor erstanden. Da diese Herren, vielleicht sind ja auch Damen unter ihnen, Profis in der Materie des Traktorzerlegens sind, ist ein gutes, fahrbares Fahrzeug schnell auseinander gebaut und zerstört.
Gewiss, manch Schlepperfreund ist bei diesen Spezialisten Kunde, wo soll man sonst auch nach Ersatzteilen suchen, die man dringend braucht? Aber sind die Preise gerecht, wenn oft zwei, drei Teile den Schlepperpreis ausmachen? Ich denke, hier wird abkassiert, und zwar kräftig!
Soll es so sein?
Wir Oldtimer-Freunde, die wir alles daran setzen, unsere Fahrzeuge mit viel Zeit und Geld herzurichten und zu erhalten, wir sind dabei die Angeschmierten. Beim Aufbau eines „neuen Oldtimers“ immer auf der Suche nach Ersatzteilen, sind wir froh und dankbar, wenn das gesuchte Teil endlich gefunden ist. Mit zusammengebissenen Zähnen zahlen wir dann die überhöhten Preise für Teile aus dem Dreck. Ob preiswürdig oder nicht.
Soll es so sein?
Darum eine Frage an diese Spezies:
Was seid ihr ohne uns, oder was würdet ihr ohne uns, die wirklichen Spezialisten und Oldtimersammler tun, die euch eure Teilen abkaufen? Wie heisst es doch so schön: Der Kunde ist König!
So sollte es sein?! ■

Auf keinem Schrottplatz sondern bei einem Teileverwerter wurden diese Bilder aufgenommen. Besonders ärgerlich für Herbert Reimitz, dass hier hunderte von Teilen kaputt gehen, während verkaufte Teile oft weit überteuert sind und meist von Oldtimer-Liebhabern bezahlt werden müssen.

Viel Neues aus Neuss

1956: IHC führt die D-Serie ein

Von Rainer Bank

Die in Neuss am Rhein gebaute D-Serie der International Harvester Company, kurz IHC, lösten im Jahre 1956 die Farmall-Schlepper der Typen DLD 2 mit 14 PS, DED 3 mit 20 PS und DGD 4 mit 30 PS ab. Übernommen hatte man zunächst die Bezeichnung „Farmall", was zu deutsch „Allzweckschlepper" bedeutet. Zusätzlich eingeführt wurde noch eine Typenbezeichnung, aus der Zylinderzahl und Leistung des Motors hervorgingen. So gab die erste Ziffer die Zylinderzahl des Motors an, während die folgenden Ziffern die Leistung in PS nannten. Die neue D-Serie umfaßte fünf Typen mit den Bezeichnungen D 212, D 217, D 320, D 324 und D 430, und stellte damit ein Leistungsprogramm von 12 bis 30 PS zur Verfügung.

DED 3 Farmall

Markant an der neuen Schlepperserie war das im Vergleich zum Vorgänger kantigere und modernere Erscheinungsbild. Ein ebenfalls auffälliges Merkmal war der Luftfilter, der nun unsichtbar unter der Motorhaube verschwand; nur noch das Luftansaugrohr ragte aus der Motorhaube hervor.
Diese Schlepper waren speziell für die Anforderungen in der westdeutschen und westeuropäischen Landwirtschaft konstruiert. Im Gegensatz zum Schlepperprogramm aus Übersee blieb man der in der Vorgänger-Baureihe eingeführten Blockbauweise treu; zur Abrundung des Typenprogramms in der Leistungsklasse nach oben, stellte man noch den in Rahmenbauweise konstruierten Typ „Super BWD 6“ mit 50 PS aus den USA zur Verfügung.
Alle Schleppertypen waren als „Reitsitzschlepper“ konstruiert, bei denen der Fahrersitz vor der Hinterachse montiert war. Der Fahrersitz konnte für kleinere und größere Traktoristen in mehreren Stufen angepaßt werden. Zusätzlich schützte eine Gummihohlfeder den Fahrer vor groben Stößen. Eine serienmäßig gefederte Vorderachse verbesserte weiter die Fahreigenschaften und unterstrich den für damalige Verhältnisse hohen Fahrkomfort der neuen D-Serie.
Die leichtgängige Lenkung steuerte diese in Spurweiten von 1250 bis 1900 mm verstellbare Vorderachse mit einer Lenkstange auf der rechten Schlepperseite an.

Der Fahrerstand: geordnet und aufgeräumt

Der Fahrerstand machte insgesamt einen aufgeräumten und geordneten Eindruck; eine nachts beleuchtete Armaturentafel mit Fernthermometer, Öldruckmesser, Glühüberwacher und Anlassschalter, Lichtschalter, Sicherungskasten, Handgasregler und Kontrollampe setzte zur damaligen Zeit Maßstäbe. Ähnlich den Bulldogs von Lanz der Halb- und Volldieselära konnte mittels einer vom Fahrersitz aus bedienbaren Jalousie die Kühlleistung zusätzlich zum Kühlwasserthermostat des wassergekühlten Dieselmotors verändert und angepaßt werden.

Die ebenfalls in Neuss am Rhein gefertigten Dieselmotoren eigener Konstruktion fanden bereits in der Vorgänger-Baureihe Verwendung. Eingebaute Leichtmetallkolben ließen die IHC-Motoren temperamentvoll wirken; mit ca. 1800 bis 1900 U/min waren sie vergleichsweise drehfreudig. Bei allen Motoren gleich war der Kolbenhub von 101,6 mm.

Die neue Reihe: eine Palette mit Leistungen von 12 bis 30 PS. Auf der linken Seite einer der Vorgänger, der DED 3 mit 20 PS

D 212 Farmall

D 217 Farmall

D 320 Farmall

D 324 Farmall

D 430 Farmall

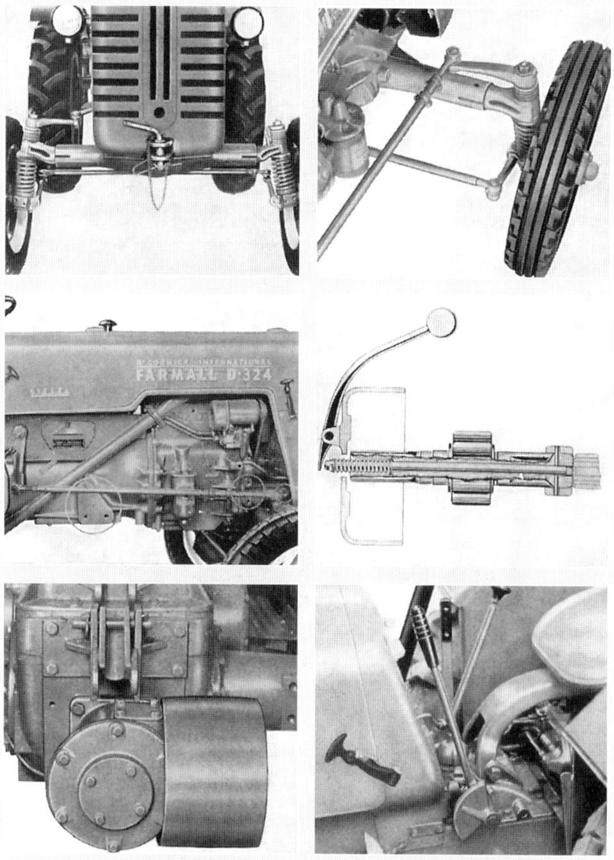

Verbesserungen im Detail erleichtern das Arbeiten und Fahren jeden Tag aufs Neue: Gefederte Vorderachse, leichtgängige Lenkung, Wespentaille mit Zwischenachsanbaumöglichkeiten, patentierte Differentialsperre mit selbsttätiger Abschaltung, Riemenscheibe für den Antrieb riemengetriebener Hofmaschinen und ein neuentwickeltes Agriomatic-Achtganggetriebe.

Wurde ein IHC Farmall-Schlepper der neuen D-Serie mit einer auf Wunsch erhältlichen Schlepperhydraulik ausgerüstet, so wurde die dafür notwendige Zahnradförderpumpe über ein Zahnrad direkt vom Nockenwellenrad des Motors angetrieben. Damit konnte die Schlepperhydraulik bereits damals kupplungs- und getriebeunabhängig betrieben werden. Diese Zahnradförderpumpe konnte maximal 19 l Hydrauliköl je Minute fördern.

Recht vorteilhaft beim Pflügen war der hydraulische Kraftheber, der auf Wunsch geliefert wurde.

In den Anfangsjahren der Serienfertigung konnte der Landwirt noch zwischen einem Dreipunktkraftheber und einem Normschwingrahmen, der zunächst von der Deutschen Landtechnikindustrie in den frühen 50er Jahren als Geräteanbaustandard favoritisiert worden war, gewählt werden. Zu Beginn der 60er Jahre, als sich der Dreipunktkraftheber längst zum internationalen Standard für den Geräteanbau durchgesetzt hatte, verzichtete IHC in der D-Serie auf diese Wahlmöglichkeit.

Sechs Vorwärtsgänge, alle mit nur einem Hebel schaltbar

Das IHC-Getriebe bot sechs Vorwärtsgänge, welche alle mit einem Hebel schaltbar waren. Der erste Gang war mit maximal 1,4 km/h als Kriechgang ausgeführt; die Höchstgeschwindigkeit im 6. Gang betrug je nach Schleppermodell zwischen 18,8 und 20 km/h. Ein Rückwärtsgang ergab eine Höchstgeschwindigkeit von ca. 4 km/h.
Eine Differentialsperre war in der neuen Schlepperbaureihe bereits Serie. Ebenfalls serienmäßig der Zapfwellenantrieb mit maximal 531 U/min.

Völlig neu war ab 1958 die IHC-Agriomatic, welche beim Farmall D 320 anstelle des 6-Gang-Getriebes auf Wunsch erhältlich war. Bei den Modellen D 324 und D 430 gehörte die Agriomatic bereits zum Serienumfang. Diese Agriomatic kann bereits als Vorstufe moderner Lastschaltgetriebe bezeichnet werden.
Die IHC-Agriomatic war eine gänzlich neue, patentrechtlich geschützte Konstruktion. Sie ermöglichte die Herabsetzung der Fahrgeschwindigkeit sowie das Anhalten des Schleppers bei voller Zapfwellendrehzahl. Kein Kuppeln oder Schalten war mehr notwendig beim Gangwechsel von der Acker- in die Straßengruppe. Ebenso ließ sie die Bedienung des Schleppers ohne Besteigen des Fahrerstandes zu. Dies bedeutete, daß zapfwellengetriebene Anhängegeräte wie Binder, Mähdrescher, Pressen oder Feldhäcksler auf einfachste Weise den ständig wechselnden Bedingungen im Feld angepaßt werden konnten.
Die Agriomatic war mit jeweils vier Acker- und Straßengängen ausgerüstet, die in günstig abgestimmten Geschwindigkeitsbereichen lagen.

Die Agriomatic; sie hat vier Acker- und vier Straßengänge

In den 50er und 60er Jahren war diese Technik ein unbestechlicher Entscheidungsgrund für den IHC-Schlepper, als noch überwiegend mit Zapfwellenbinder, Feldhäcksler, oder bereits mit schleppergetriebenen Mähdreschern gearbeitet wurde. So konnte beispielsweise beim Einsatz mit dem gezogenen Mähdrescher durch Betätigen des Agriomatic-Hebels an einer durch Lagergetreide bedingt schwierigen Stelle die Fahrgeschwindigkeit verringert oder angehalten werden. Der angehängte Mähdrescher konnte dann bei konstanter Zapfwellendrehzahl frei arbeiten. Bei Betätigung der Fahrkupplung wäre auch der Zapfwellenkraftfluß unterbrochen worden, was unweigerlich zum völligen Verstopfen des Mähdreschers und damit zu langen Standzeiten geführt hätte.

Ebenfalls weit verbreitet in den 50er und frühen 60er Jahren war die Heutrocknung auf einzelnen „Heureutern", auf denen das Futter zur Trockung mehrere Wochen verblieb. Bei der Heuernte wurden dann diese „Heureuter" mit dem Schlepper und Transportanhänger angefahren und das Heu aufgeladen. Mit der IHC-Agriomatic konnte der Schlepper mit Betätigen den Agriomatic-Hebels einfach angehalten und wieder in Fahrt gebracht werden, ohne die Fahrkupplung zu benutzen. Ein auf Wunsch erhältlicher Fernbedienungshebel ermöglichte das Anfahren und Anhalten, ohne den Schlepper selbst besteigen zu müssen, und machte so laden von Heu oder Grünfutter zur echten „Einmannarbeit".

Durch die Wespentaille zum Hackfruchtschlepper

In ihrer Bauart unterschieden sich die IHC-Schlepper Farmall D 212 und Farmall D 217 von den größeren Mitgliedern der D-Serie. Mit ihrer „Wespentaille" waren sie als Hackfruchtschlepper konzipiert. Bedingt durch diese „Wespentaille" war der Zwischenachsanbau von Hackwerkzeugen möglich. Durch Umlegen eines Hebels am Umschaltventil konnte so der Kraftfluß – vom Heckkraftheber weg – zur mittleren Hubwelle geleitet werden, beispielsweise um Hackwerkzeuge auszuheben.

Anders geartet als bei den größeren Schleppern war bei den Typen D 212 und D 217 auch die Lenkung, denn eine Lenkstange seitlich des Schlepperrumpfes hätte den Zwischenachsanbauraum beeinträchtigt. Deshalb wählte man hier eine direkte Ansteuerung der Vorderräder durch eine verlängerte Lenksäule.

Auf Grund ihrer Baukonzeption waren diese beiden Kleinschlepper im landwirtschaftlichen Kleinbetrieb als „Mädchen für Alles" für jede Arbeit einsetzbar; während sie in mittleren und Großbetrieben vorwiegend als Zweitschlepper oder gar reine Hackfruchtschlepper zum Einsatz kamen.

Im Jahre 1958 konnte das 50. Betriebsjubiläum der Neusser Produktionsstätte gefeiert werden. Dies war für IHC Anlaß genug, die erfolgreiche D-Serie durch drei weitere Modelle zu ergänzen.

Neu eingeführt wurden die Kleinschlepper D 214 Standard und D 217 Standard. Weil durch das Auf-

Ob mit Frontlader, als Pflegeschlepper, vor dem Bindemäher, vor der Ballenpresse, oder im Fronteinsatz, die neue D-Serie war für alle Arbeiten zu gebrauchen.

Der Blick in das Innere zeigen Anordnung und Aufbau der einzelnen Komponenten.

Mit 8 verschiedenen Schleppermodellen, vom 12-PS-Hackfruchtschlepper bis zum 40-PS starken Topmodell konnten ab 1958 eigentlich alle Kundenwünsche zufrieden gestellt werden.

D 324 Standard

D 430 Standard

D 440 Standard

kommen der „Chemischen Unkrautbekämpfung“ die mechanische Unkrautregulierung im landwirtschaftlichen Pflanzenbau stark zurückgedrängt wurde, verlor auch die Möglichkeit des Zwischenachsanbaus beim Schlepper wieder an Bedeutung. IHC trug diesem Trend dadurch Rechnung, daß bei den Standard-Schleppern D 214 und D 217 die „Wespentaille“ fehlte. Mit dem Angebot des D 217 Standard neben dem D 217 Farmall konnte so der kaufwillige Landwirt in der gleichen Leistungsklasse zwischen zwei verschiedenen Konzeptionen wählen. Insgesamt schätzte man bei IHC die Werbewirksamkeit der Bezeichnung „Farmall“ für eine Schlepperbaureihe als „ausgereizt“ ein. Außer bei den beiden zwischenachstauglichen Kleinschleppern wurde diese Typenbezeichnung durch den Begriff „Standard“ ersetzt.

Ab 1958 noch mehr Leistung: Der D 440 mit 40 PS kommt

Weil der Ruf nach einem für deutsche und europäische Verhältnisse konstruierten IHC-Schlepper in der 40-PS-Klasse immer lauter wurde, rundete ab 1958 der D 440 Standard die bei vielen Landwirten beliebte D-Serie nach oben ab. Wie beim D 430 gehörte auch hier die IHC-Agriomatic zur Serienausrüstung des neuen Flaggschiffs. Im Jahre 1960 ließ IHC die Produktion des D 212 Farmall auslaufen; dem Wunsch nach noch leistungsstärkeren Modellen folgend, schloß nun der D 436 Standard die Lücke zwischen dem D 430 Standard und dem D 440 Standard.

Bis in das Jahre 1962 gehörten die D-Schlepper 214 Standard bis 440 Standard zur Neusser Traktorenpalette, und ließen IHC in dieser Zeit zu einem der zehn wichtigsten Schlepperproduzenten Deutschlands aufsteigen. ■